Schrader-*Auto*-Chronik

DAS AUTOJAHR IM RÜCKBLICK 1974

Simca 1100 LX – nicht nur in Frankreich ein erfolgreicher Favorit seiner Klasse.

Schrader-*Auto*-Chronik

DAS AUTOJAHR IM RÜCKBLICK 1974

Eine Dokumentation von Halwart Schrader

Schrader Verlag

Quellen: ADAC Motorwelt; Automobil Revue, Bern; Auto, Motor und Sport; The Autocar; Der Deutsche Straßenverkehr; Kraftfahrzeug-Technik; mot; Motor Revue; Motor Sport; rallye-racing. Nick Georgano (Hrsg.): The Beaulieu Encyclopaedia of the Automobile, The Stationary Publishing Co., London. Werner Oswald: Deutsche Autos 1945-1975, Motorbuch Verlag, Stuttgart. Hans-Christoph Seherr-Thoss: Die Deutsche Automobil-Industrie, Deutsche Verlagsanstalt, Stuttgart. Mitteilungen der Unternehmens-Presseabteilungen.

Abbildungen: AEG (Seite 13 o., 50); Audi (31 o.); autopress (23 u., 33, 36): Auto Zeitung (75, 76, 77); Bertone (56); Bilstein Werkbild (26, 41 o., 44 o., 59 o.); BMW (5, 34, 35, 44 u.,); British Leyland (67, 71); Citroën (47); City of Detroit (25); Daimler-Benz AG (73); Deutsche Renault (50 u.); Fiat (32, 53, 61, 70, 91); Ford Division Dearborn (72); General Motors (9, 64); Archiv Ulrich Knaack (7); Kompress (20); Nissan (68); (Archiv Halwart Schrader (2, 8, 10, 11, 12, 13 u., 14, 15, 17, 18, 19, 21, 22, 23 o., 24, 27, 28, 29, 30, 37, 39, 40, 41 u., 42, 43, 45, 46, 48, 49, 54, 55, 57, 58, 59, 60, 62, 63, 65, 66, 69, 74, 90, 94, 95); Schröder & Weise Classics (16, 31 u.); Volkswagen (38). Alle nicht näher bezeichneten Bilder sind Werksaufnahmen der Hersteller.

Einbandgestaltung Katja Draenert unter Verwendung von Motiven aus dem Archiv des Autors.

Ein Unternehmen der Paul Pietsch-Verlage GmbH + Co
1. Auflage 2003

ISBN 3-613-87250-1

Lektorat: Joachim Kuch
Innengestaltung: Bernd Peter
Repro: digi bild reinhardt, 73037 Göppingen
Druck: Maisch & Queck, 70839 Gerlingen
Bindung: K. Dieringer, 70839 Gerlingen
Printed in Germany

BMW 3.0 Si, 200 PS, 211 km/h.

Inhalt

DAS AUTO-JAHR IM RÜCKSPIEGEL 1974

Neunzehnhundertvierundsiebzig: Es ist das Jahr der weltweiten Ölkrise, und die bewirkt eine Verteuerung des Benzins, hat Sonntagsfahrverbote und Geschwindigkeitsbeschränkungen zu Folge. Diese Faktoren führen bei uns zu einem Absatzrückgang bei der Automobilindustrie und so auch bei den ihr zugeordneten Branchen. Noch vor Jahresfrist hatte man damit gerechnet, dass die Zahl der 1974 in Deutschland gebauten Autos bei 2,7 Millionen Einheiten liegen würde – um eine ganze Million, so stellt sich am Ende heraus, war das zu hoch gegriffen. Dennoch geht das mobile Leben weiter, vor allem lässt sich der Motorsport nicht an die Kandare legen. Im europäischen Tourenwagensport liefern sich Porsche, Ford und BMW erbitterte Kämpfe. Huschke v. Hanstein von Porsche will den »Motorsport unbedingt am Leben erhalten«, Ford-Sportchef Michael Kranefuß sagt: »Ford sieht keinen Grund, seine Renn-Aktivitäten einzuschränken«, und auch BMW-Sportchef Jochen Neerpasch meint: »Der Motorport hat eine Existenzberechtigung!« Aber die ganz großen Entwicklungsschritte im Automobilbau bleiben aus. Einer von wenigen ist der neue 3-Liter-Fünfzylinder-Dieselmotor, den Daimler-Benz gegen Jahresende präsentiert, der stärkste, der bisher für einen Pkw in Deutschland gebaut wurde. Und der VW Käfer läuft und läuft und läuft noch immer...
1974 hat die Welt ihre Skandale. In Bonn tritt Bundeskanzler Willy Brandt wegen des Spionagetätigkeit seines Referenten Günter Guillaume zurück, in den USA stürzt Präsident Richard Nixon über die Watergate-Affäre, die Schweiz spricht sich in einem Volksbegehren gegen die Überfremdung durch Ausländer aus. Angenehmer ist da schon die Nachricht, dass die Metallarbeiter in der Bundesrepublik 11 (in Worten: elf!) Prozent mehr Lohn bekommen, und dann war da noch der grandiose Sieg der deutschen National-Elf in der Fußball-WM.
Die vor Ihnen liegende Dokumentation bietet einen Überblick über das Jahr 1974 aus dem Blickwinkel der Autowelt. Möge die Mischung aus mehr oder auch weniger Bedeutendem, Interessantem und Kuriosem Sie daran erinnern, dass alles einmal ganz anders war – oder auch nicht, je nachdem, welchen Bezug man zu vergangenen Zeiten hat.

Halwart Schrader

Citroën DS23, Sieger der World Cup Rallye London – Mexiko. Das Team Wellinsky/ Tubman/Reddiex siegte mit 28 Stunden Vorsprung auf eine Peugeot-Mannschaft.

TOTAL
UDT 46
CITROEN
3373 TTB75

JANUAR 1974

Wegen der anhaltenden internationalen Ölkrise herrscht in Deutschland und in Italien ein Fahrverbot für alle Kraftfahrzeuge am Sonntag (Polizei-, Feuerwehr- und Rettungswagen ausgenommen). An allen anderen Tagen gilt eine Höchstgeschwindigkeit von 100 km/h auf allen Autobahnen.

Der erfolgreiche Rennfahrer Dieter Quester hat sich vom aktiven Rennsport zurückgezogen. Er will aber der im vorigen Jahr gegründeten BMW Motorsport GmbH in beratender Funktion zur Verfügung stehen.

Die Erdölkrise scheint aufs Autogeschäft selbst zunächst keine Auswirkungen zu haben. Die deutschen Hersteller melden, dass sie zur Zeit keine Autos auf Halde produzieren.

Opel plant für den Rallyesport ein neues Händlerteam aufzustellen. Die Leitung hat man dem Sportfahrer Helmut Bein übertragen. Zu den Stammfahrern gehören Jochen Berger und Walter Röhrl.

Wer in den Wintermonaten mit Spikereifen unterwegs ist, darf nicht schneller als 100 km/h fahren und muss am Wagenheck eine entsprechende Plakette befestigen.

Alle erstmals zugelassenen Autos müssen ab 1. Januar mit Sicherheits-Dreipunktgurten auf den Vordersitzen versehen sein. Einige Versicherungen gewähren bei der Insassenversicherung eine um 25 Prozent höhere Leistung, wenn bei einem Unfall nachweislich Gurte angelegt waren. Gurtpflicht besteht in Großbritannien bereits seit 1965, in Frankreich seit 1970, in der Schweiz seit 1971.

Wie die »ADAC Motorwelt« in einer Umfrage ermittelt hat, würden sich Besitzer eines BMW 1602/1802/2002 bessere Sitze, einen größeren Tank und ein besseres Lüftungssystem wünschen, während die meisten Opel-Manta-Fahrer für bessere Türen- und Scheibenabdichtungen, bessere Sicht nach hinten und bessere Vergaser plädieren. Besitzer eines Ford Capri wünschen sich vor allem einen größeren Kofferraum und eine modernere Hinterachse.

Der angesehene Automobilhistoriker und Oldtimer-Experte Michael Sedgwick kommentiert die Marktlage für Klassiker in einem Aufsatz in der »AutomobilChronik« und stellt fest, dass man einen Rolls-Royce von 1936 bereits 4500 Pfund (36.000 Mark anlegen müsse); vergleichbare Autos seien vor zwei Jahren für die Hälfte zu bekommen gewesen.

In einer Auflage von 100 Stück will Porsche eine 250 km/h schnelle Spezialversion des Porsche Carrera bauen. Der Carrera RS (3,0 Liter, 230 PS) soll 63.000 Mark kosten.

Zusatzheizung, nachträglich einzubauen – sehr empfehlenswert! Über eine Klimaautomatik verfügen 1974 nur wenige Luxusfahrzeuge.

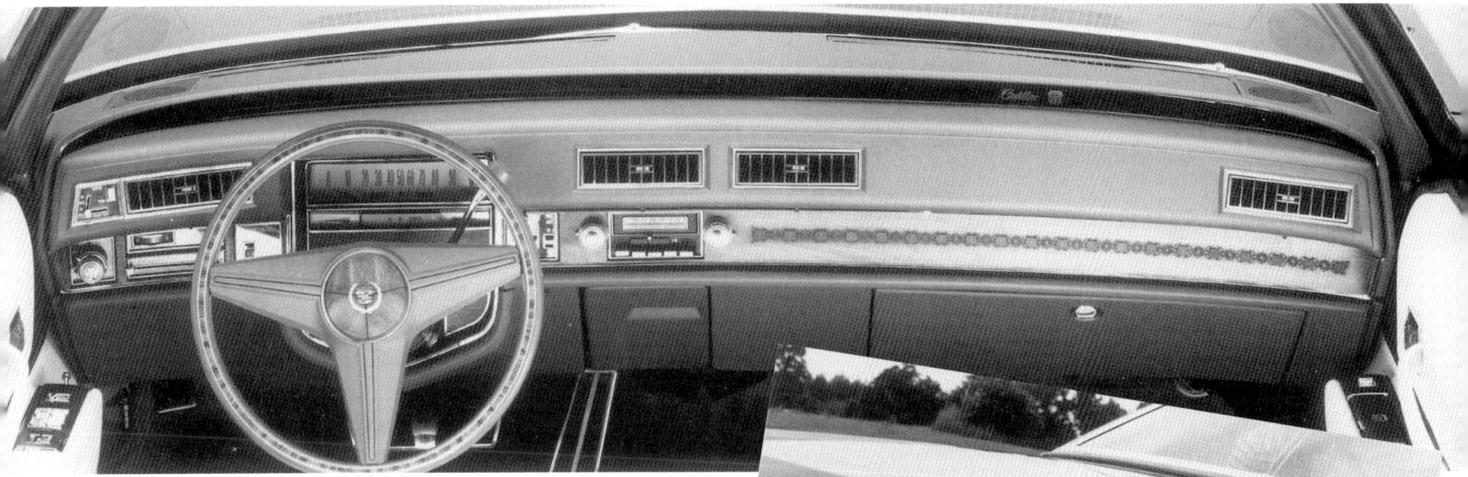

Die Heckflossen-Ära ist den USA zwar längst vorüber, aber zentnerweise Chrom, Breitband tacho und Digitaluhr müssen schon sein. Selbstverständlich verfügt dieser Cadillac auch über die neuen, vom Gesetzgeber geforderten Absorptions-Stoßstangen.

In der »ADAC Motorwelt« erschien dieses Inserat, das zu einer Testfahrt mit dem Citroën GS durch Europa einlud. Mehr als 30.000 Interessenten meldeten sich, zwei konnten nur berücksichtigt werden.

Und wenn das mit dem Citroën nicht so toll lief: Umsteigen auf Peugeot! Vom kleinen 104 bis zum großen 504 umfasst das Peugeot-Programm derzeit vier Baureihen mit neun Modellen.

JANUAR 1974

Bitte nehmen Sie Platz im neuen Ford Capri II. Die GT-Version ist mit »Sportlenkrad und Sportschaltknüppel« ausgestattet.

Die Preisbindung der 2. Hand wurde aufgehoben. Die neue Regelung gilt für Neuwagen, die jetzt nicht mehr zu gebundenen Preisen verkauft werden dürfen. Jeder Listenpreis ist damit nur noch eine unverbindliche Preisempfehlung.

Der Opel-Tuner Klaus Seinmetz hat seinen Betrieb von Rüsselsheim nach Nauheim verlegt und agiert dort als Ferrari-Händler sowie als Importeur für Chevron-Renn- und Sportwagen. Auch vertreibt er exklusiv den 143 PS starken Opel Manta 2800 TE (Commodore-Motor), der aus Belgien kommt.

Die »größte Autoversteigerung der Welt« ging am 5. und 6. Januar in Scottsdale, Arizona (USA) über die Bühne, Die Kruse Brothers brachten 250 Autos aller Jahrgänge unter den Hammer. Höchste Gebot erzielte ein antiker Pierce-Arrow mit vergoldeter Karosserie – er brachte 180.000 Dollar. Für 400 Dollar bekam man einen Cadillac Baujahr 1941. Gesamtumsatz: 4,4 Millionen Dollar (siehe auch Seite 95).

Der Skoda S100 mit Heckmotor ist in Ländern des Ostblocks ein sehr beliebter Mittelklassewagen; der preisgünstige Viertürer wird auch in der Bundesrepublik angeboten – ohne große Erfolg indes.

Vor 101 Jahren wurde in Le Mans der erste für den täglichen Gebrauch verwendbare Motorfahrzeug vorgeführt. Das von Amédée konstruierte Mobil war eine Dampfmaschine auf Rädern. Ihr Name: »L'Obéissante«, die Gehorsame.

Der DKW-Enthusiast Klaus Jansen-Diekmann in Leverkusen hat ein Register noch existierender Vorkriegs-DKW-Automobile erstellt. Er hat bis jetzt 135 Fahrzeuge erfasst, schätz aber, dass es mindestes fünfmal so viele gibt.

Nach einem missglückten Versuch, Kleinwagen 1967 bis 1970 auch in Europa anzubieten, hat Honda im letzten Jahr eine neue Offensive gestartet. Der weltgrößte Motorradhersteller hat inzwischen 100 Händler in der Bundesrepublik, die auch Autos verkaufen. Im Brennpunkt steht der neue 1,2 Liter Civic.

Den Großen Preis von Argentinien gewann Denis Hulme auf McLaren Ford vor Niki Lauda und Clay Regazzoni, beide auf Ferrari. Beim vierzehn Tage später ausgetragenen Brasilien-GP wurde Emerson Fittipaldi auf McLaren-Ford Sieger, gefolgt von Clay Regazzoni und Jacky Ickx (JPS-Ford).

Über die Automobil-Vertriebsfirma Hagen in Krefeld, einst Peugeot-Repräsentant und Importeur britischer Sportwagen, gelangen Fiat-Autos ins Land, die Fiat Turin nicht selbst nach Deutschland bringt: Polski-Fiat, Zastava (Jugoslawien) und Autobianchi.

Der Wankel-Ruhm hat Mazda bislang nicht geholfen, in Deutschland Fahrzeu-

Tauentsienstraße, Berlin. Jedes dritte Taxi ist heute schon mit Funk ausgestattet.

Volldampf voraus! Wer kein Kühlwasser mehr hat, brauch für den Spott nicht zu sorgen...

ge in nennenswerten Stückzahlen abzusetzen. Der seit vorigem Jahr importierte RX-3 ist bei uns kaum zu sehen. Jetzt versucht der Hersteller Toyo Kogyo, in der Bundesrepublik mit dem Mazda 1300 mit Hubkolbenmotor Fuß zu fassen.

FEBRUAR 1974

Niki Lauda wurde auf der Autobahn von einer Zivilstreife angehalten, die ihm der »Nötigung« eines anderen Verkehrsteilnehmers bezichtigte und auf der Stelle 100 Mark Strafe kassieren wollte. Da Lauda kein Bargeld bei sich hatte, beschlagnahmten die Ordnungshüter kurzerhand Laudas Skier als »Pfand«.

Die Verknappung und Verteuerung des Öls bleibt auch in den USA nicht ohne Folgen. Amerikanische Autofahrer haben herausgefunden, dass man mit Gürtelreifen sparsamer fährt; der geringere Rollwiderstand macht einen Minderverbrauch von etwa 5 Prozent aus. Bisher waren Gürtelreifen auf dem US-Markt nur gering verbreitet.

Der Automobilclub von Deutschland feiert sein 75jähries Bestehen. Zu den 75 Jahren zählt man den 1899 gegründeten Deutschen Automobil Club (DAC) und den Kaiserlichen Automobil Club (KAC) hinzu, aus denen der AvD hervorgegangen ist.

Drei Vorkriegs-Oldies zum Kilopreis, gesehen im schönen Burgunderland.

Die Auswirkung der Ölkrise trifft jetzt auch BMW. Im Monat Februar werden für zwei Wochen die Bänder still gelegt, 20.000 Arbeiter haben Zwangsurlaub. Zwei weitere Wochen Kurzarbeit wurden für den Monat März beantragt.

Audi NSU hat einen Wärmetauscher entwickelt, der an den Kühlwasserkreislauf angeschlossen wird und zur Erwärmung des Wassers in der Scheibenwaschanlage dient. Die Nachrüstung kostet 25 Mark.

Der amerikanische Bugatti-Club will juristische Schritte gegen einen Hersteller in Florida unternehmen, der dort für 750 Dollar Do-it-yourself-Bausätze unter der Bezeichnung »Bugatti« anbietet. Es handelt sich um Komponenten für einen Spaß-Zweisitzer auf der Plattform eines VW-Käfers.

Fiat und Citroën bauen gemeinsam einen Leichtransporter. Fiat ist für die Endmontage zuständig und steuert Rahmen, Aufbauten und Ausstattungskomponenten bei, aus Frankreich kommen mechanische Bauteile und Fahrwerk. Als Motoren kommt je ein Benziner von Fiat und von Citroën zum Einbau; erhältlich ist auch ein 2,5-Liter-Citroën-Diesel.

Auf der Motor Show in Tokio präsentiert Suzuki das erste Motorrad der Welt mit einem Wankelmotor. Anders als beim Prototyp von Hercules ist das Aggregat (67 PS) quer zur Fahrtrichtung eingebaut. Beie Motorräder gehen dann gleichzeitig in Produktion.

In Köln wartet ein Pariser Stadtomnibus Marke Renault auf einen Käufer. Ein ähnliches Modell wird in München angeboten. Solche Fahrzeuge werden zu

Ein modernes Autoradio hat jetzt Stereoempfang, einen Senderspeicher und ein Kassettenteil. Bei Philips nennt man so etwas »Informations- und Unterhaltungs-Einheit«.

Nordland-Rallye 1974. Holm/Workentin (Dänemark) wühlen sich mit ihrem Ford Escort durchs Gelände.

Fiat ist im Rallyesport äußerst aktiv. Ein Schnappschuss von der Elba-Rallye 1974.

Nachdem Volvo im vorigen Jahr mit Anzeigen Aufsehen erregte, die ein Mädchen mit einem Totenkopf à la Hamlet zeigten (»Sein oder Nichtsein«), diskutiert man 1974 über Volvo-Inserate, die eine vom Sicherheitsgurt-Druckstreifen gezeichnete junge Dame zeigen. »Ihr Lebensretter war der Gurt«, heißt es im Text.

FEBRUAR 1974

Verladung des viermillionsten Datsun. Die Fracht ist für Helsinki bestimmt; Finnland gehörte zu den ersten Ländern in Europa, das japanische Autos einführte.

Werbe- und Promotionzwecken immer häufiger eingesetzt.

Der Weltrekordfahrer und Mercedes-Benz-Händler Ernst Henne – der auch einmal Präsident des deutschen Motoryacht-Verbandes war – feierte in München am 22. Februar seinen 70. Geburtstag. 1926 hatten ihn die Bayerischen Motoren Werke zum Werksfahrer verpflichtet.

Der Italo-Schweizer Franco Sbarro hat in Grandson mit der Herstellung von Replika-Zweisitzern nach dem Vorbild des BMW 328 (1936–1939) begonnen. Die dem Original sehr genau nachempfundenen Fahrzeuge haben moderne BMW-Fahrwerke und BMW-Motoren (1602, 1802, 2002) und einen Aufbau aus Kunststoff. Da BMW Sbarro aber nicht mit Originalteilen beliefert, muss er sich diese beim Schweizer Importeur kaufen.

Ford hat einen neuen Capri im Programm. Der Capri II genannten 2+2 hat mehr als nur ein Facelifting zu bieten. Vor allem besticht der Neue durch klarere Linien, durch eine große Heckklappe, die ein besseres Beladen ermöglicht sowie einen in den Wagenboden verlegten Kraftstofftank. Es stehen diverse Ausstattungen (Standard, XL, GT und Ghia zur Wahl, die Motorisierungen reichen von 1,3 bis 3,0 Liter.

Der Liter Normalbenzin kostet an deutschen Tankstellen durchschnittlich 94 Pfennig. Damit ist der Sprit 1974 um 50 Prozent teurer geworden im Vergleich zu 1972.

Der Benzinknappheit haben sich die Autodiebe in Italien angepasst. Waren es noch vor Jahresfrist Ferraris, auf die sie am häufigsten abgesehen hatten, so ist jetzt der kleine Fiat 500 das am meisten gestohlene Auto.

Nur sehr zögernd vollzieht sich der Aufbau eines Händlernetzes für den in Russland gebaute Lada. Der in Hamburg ansässige Importeur vermochte Fiat nicht dazu zu bringen, den Service für den Lada 1200 zu übernehmen, der einen Lizenzbau des Fiat 124 darstellt.

Im Schatten Nissans kommt der japanische Autohersteller Toyota in Deutschland nicht so recht voran. Noch beträgt der Marktanteil bei uns knapp zwei Prozent, obwohl die Modelle Corolla, Carina, Celica und 2000 sehr gute Beurteilungen erfahren.

Schweres Kaliber: White Autocar Constructor, der 15 Tonnen Betonmischung im Rucksack mit sich führt.

19G929
348

MÄRZ 1974

Der Likörhersteller Jägermeister wird auch in der Saison 1974 mit einem eigenen Team antreten. Teamchef ist der Braunschweiger Journalist Eckhard Schimpf. Jägermeister unterstützt vor allem Hans-Joachim Stuck (March BMW), Helmut Kelleners (BMW 2002), Dieter Bohnhorst (Porsche) und Manfred Trint (Kaiman Super-Vau). Schimpf selbst tritt auf einem Porsche Carrera an.

Das Londoner Auktionshaus Christies hat in Genf 33 Oldtimer versteigert, von denen der wertvollste ein Gräf & Stift ais dem Jahr 1913 war. Mit diesem Auto war der Österreichische Kaiser bei seiner Abdankung 1918 in die Schweiz emigriert. Der Preis 180.000 Franken war aber nicht das höchste Gebot des Tages – dies erzielt ein Rolls-Royce Silver Ghost für 220.000 Franken. Ein 1961er Ferrari 250 GT bekam den Zuschlag für nur 28.000 Franken.

Der DKW-Tuner Albrecht W. Mantzel verstarb am 17. März im 60. Lebensjahr. Mantzel war Mitbegründer des Magazins rallye+racing. Sein Sohn betreibt eine Autofirma und will sich vermehrt im Motorsport engagieren.

Volkswagen stellt den Nachfolger des Karmann-Ghia vor. Es ist das Coupé namens Scirocco. Der in Osnabrück montierte Wagen basiert auf dem Audi/VW Passat und hat einen quer eingebauten, 75 PS starken Frontantriebsmotor.

28. März: Vor 60 Jahren wurde in Cowley bei Oxford der erste Morris gebaut. William Richard Morris' erster Motorwagen wurde des rundlichen Kühlers wegen »Bullnose« genannt. Drei Jahre hatten die Vorbereitungen gedauert. William Morris, der spätere Lord Nuffield, avancierte zu einem der erfolgreichsten Unternehmer in Großbritannien.

Lofty England, Generaldirektor von Jaguar und seit 1972 Nachfolger von Sir William Lyons, geht nach 46 Arbeitsjahren in den Ruhestand. Seine neue Wahlheimat ist Österreich.

Ein Auspuff für ein ganzes Autoleben! Wer wünschte sich so etwas nicht? Mal bei Bayer fragen – die stellen nicht nur Aspirin her!

Mit Vernunft, Sicherheit und Wirtschaftlichkeit warben auch die britischen Autohersteller. Für alle British-Leyland-Fahrzeuge war in Deutschland der Düsseldorfer Importeur Brüggemann zuständig.

»Hecht im Karpfenteich der unteren Mittelklasse« – so und ähnlich lauten die Bezeichnungen, die man dem neuen VW Golf angedeihen lässt.

Vor 25 Jahren wurde der erste Porsche-Sportwagen präsentiert. Das Coupé debütierte 1949 auf dem Genfer Automobilsalon und war noch in Gmünd entstanden, ehe Porsche nach Stuttgart zog.

Der Grand-Prix-Fahrer Peter Revson ist am 22. März tödlich verunglückt. Der 35-jährige Amerikaner konnte sich aus seinem Shadow nicht mehr befreien, der bei Testfahrten in Kyalami (Südafrika) infolge eines technischen Defektes verunglückte und Feuer fing.

Sie macht den Stoß-dämpfertest bei ihrem neuen Ford Granada, da gerät alles, auch das Auto, ganz schön ins Wippen...

...während sich diese junge Dame für einen Audi 80 entschieden hat, weil seine Motor-haube nach wenigen Kilometern so schön warm ist!

APRIL 1974

Den berühmten Mini kann man in Deutschland jetzt auch aus italienischer Fertigung kaufen. Importeur Brüggemann in Düsseldorf bietet den Innocenti 1001 und den Innocenti Cooper an. Innocenti ist Mini-Lizenznehmer seit 1967. Und es gibt einen neuen Mini Clubman mit längerer Frontpartie, 1100 ccm und 65 PS.

Statt maximal Tempo 100 gilt auf deutschen Autobahnen jetzt: Richtgeschwindigkeit 130. Das ist eine durch Kabinettsbeschluss erlassene Empfehlung, keine Vorschrift. In den USA sind nach wie vor nur maximal 55 Meilen erlaubt: 89 km/h.

Eine Dokumentation über die Deutsche Automobilindustrie von ihren frühesten Anfängen bis heute hat Hans Christoph von Seher-Thoss, Chef-Archivar des ADAC in München, veröffentlicht. Das Buch hat einen Umfang von 740 Seiten.

Stadtomnibus Ikarus 190, ein ungarisches MAN-Lizenzfahrzeug.

Zwei Welten, eine City: In Detroit verkehrt wie zu alten Zeiten eine elektrische Straßenbahn. Für 25 Cent kann man sie zehn Minuten lang benutzen, vom Grand Circus Park zur Cobo Hall und zurück. Just for fun.

The Free Press
I know my taste.
GRAND CIRCUS PARK
1

APRIL 1974

Längst mischen auch die Japaner ganz vorne mit im Rallyesport: Kleint/Pitz mit ihrem Datsun 160J-SSS in der Total-Rallye in Afrika.

Die East African Safari Rallye gewann Joginder Singh auf einem Mitsubishi Lancer gegen starke Konkurrenz von Porsche, Datsun, Lancia und Peugeot. Der »kleine Inder« hatte seinen Wagen selbst vorbereitet, konnte sich aber auf ein großes Serviceteam stützen.

Der neue Lotus Elite mit Keilform-Coupékarosserie hat den Vierventilmotor des Jensen-Healey unter der Haube. Der 155 PS starke Motor bringt den 2+2 auf 205 km /h.

Das Autohaus Raffay & Co in Hamburg hat vor einem Jahr eine »Oldtimer-Gasse« eingerichtet, in der wechselnde Ausstellungen stattfinden. Thema im Jahr 1974: Das Automobil vor 70 Jahren.

Die Automobilindustrie erprobt Abstandswarngeräte mit Radar, Ultraschall und Mikrowellen. In etwa zwei Jahren, so rechnen Experten, werden solche Anlagen Serienreife erlangt haben

Bei Testfahrten auf dem Nürburgring zum kommenden 1000-Kilometer-Rennen schaffte Niki Lauda am Lenkrad seines Ferrari 312B4 Runden unter sieben Minuten.

In Kalmar, Schweden, baut Volvo nicht mehr am Fließband. Wichtigste Neuerung zur »Humanisierung der Arbeit« sind Teams von je 15 Mann, die ein Auto zusammenbauen. Das Werk, bei dessen Einweihung der König von Schweden anwesend war, ist für eine Jahreskapazität von 30.000 Fahrzeugen ausgelegt.

In einem Test, den die »ADAC Motorwelt« den BMW 525 unterzog, kommt Redakteur Manfred Caroselli zu dem Fazit: »Dieser Wagen kostet 17.500 Mark. Kann man es heute überhaupt noch verantworten, so viel Geld für ein Auto auszugeben? Natürlich kann man auch mit einem Auto für 7500 Mark von A nach B gelangen. Aber es lässt sich nicht leugnen, dass man für 10.000 mehr sehr viel angenehmer von A nach B kommt...«

Seinen ersten Grand Prix auf Ferrari gewann Niki Lauda am 28. April 1974 in Spanien. Nach 20 sieglosen Monaten für Lauda ein grandioser Triumph.

Start zum Europa-Meisterschaftslauf am Salzburgring, Ostern 1974. Bei den modifizierten Serienwagen kämpfen Ford (Toine Hezemans) und BMW (Hans-Joachim Stuck) um Meter und Sekunden. Den Capri ganz links außen steuert Niki Lauda.

Rennen um den Renault-Elf-Cup auf dem Hockenheimring vor 100.000 Zuschauern. Sieger wurde Harald Grohs aus Essen im Wagen Nr. 44.

MAI 1974

Le Mans? Der Herr wird 24-Stunden-Kettenraucher sein. Oder gönnte er sich nur alle 24 Stunden eine »große Geschmacksklasse«...?

In Wolfsburg läuft die Produktion des mit großer Spannung erwarteten VW Golf an. Zunächst wird das 1471-ccm-Modell mit 70 PS gebaut; im September soll die 1093-ccn-Variante mit 50 PS folgen. Den Käfer löst der Golf zunächst aber nicht ab.

Der ADAC hat seine Mitglieder gewarnt, bei einer Urlaubsreise ins Ausland möglichst keinen Einheimischen ans Lenkrad des eigenen Wagens zu lassen. Die jeweiligen Finanzbehörden könnten darin einen Verstoß gegen die Zollbestimmungen sehen. Bei Benutzung des Fahrzeuges durch einen Einheimischen müsste dieses zuvor verzollt worden sein.

In einem Interview mit der Zeitschrift »Playboy« hat der Rennfahrer Niki Lauda geäußert, dass er mit 30 – also in fünf Jahren – seinen Beruf aufgeben möchte, sofern er bis dahin 2 Millionen Mark verdient habe. Sein Wunsch wäre es, danach eine Spedition zu betreiben: »Ich liebe Lastwagen!«.

Der Düsseldorfer Autohändler Helmut Becker hat in Düsseldorf den Verein »Ich fahr fair« – Aktionsgemeinschaft faires Fahren e.V. gegründet. Prominente Persönlichkeiten aus Politik, Fernsehen und Presse wurden als weitere Mitglieder und für den Beirat gewonnen. Einen Mitgliedsbeitrag gibt es nicht, der Verein soll sich durch Spenden finanzieren. Bei einer ersten Umlage kamen DM 6635,50 zusammen.

Innerhalb von nur drei Jahren hat Fiat drei Millionen Exemplare vom Fiat 127 produziert und verkauft. Mehr als ein Drittel ging in den Export. Vor allem als Zweitwagen hat der Fiat 127 in Deutschland gute Akzeptanz gefunden.

In Essen findet erstmals eine Oldtimermesse statt. In zehn Tagen wurden 20.000 Besucher gezählt. Ausgestellt sind 60 Autos und 15 Motorräder.

Mazda hat die Garantie auf den Wankelmotor (Lizenz NSU) von bisher 20.000 auf 40.000 km bzw. zwei volle Jahre erweitert. Diese Garantie bekommt auch der Zweitbesitzer, der einen gebrauchten Wankel-Mazda erwirbt.

Wer in Deutschland ein Autotelefon im Wagen hat, kann darf es nicht ohne weiteres im Ausland benutzen. Jetzt hat sich Österreich bereit erklärt, sich demnächst dem deutschen Mobil-Fernmeldesystem anzuschließen.

Beim 20. 1000-Kilometer-Rennen des ADAC auf dem Nürburgring gewannen Beltoise/Jarier auf Matra-Simca vor Stemmelen/Reutemann auf Alfa Romeo und de Adamich/Facetti, ebenfalls auf Alfa Romeo

Der Trend zum Sparen hält an. Den Simca-Chrysler 1301 S bekommt man jetzt auch mit einem auf 55 PS Leistung verminderten Motor für die Verwendung von Normalbenzin.

Stahlgürtelreifen finden immer mehr Verbreitung. Viele Hersteller bieten sie in der Erstausrüstung an.

Plüschsitzbezug statt Klimaanlage – das kann man selbst im Sommerfähnchen Cabrio fahren, und wenn es in der Kiste noch so zieht!

Aquaplaningtest mit dem Audi 80 L für Journalisten. Die meisten beschränken sich aufs Zugucken und Fotografieren...

Kipptest mit dem Renault 5. Hier gilt erst recht: Lieber Zugucken als Drinsitzen!

JUNI 1974

Deutschland hat ein neues Automuseum; es ist ausschließlich Kleinwagen gewidmet. Das in Bockenem/Störy, Niedersachsen, vom Ehepaar Klaus und Marianne Könnecke mit Liebe und Sachkenntnis eingerichtete Museum soll um weitere Exponate wachsen.

Bei den 24 Stunden von Le Mans am 15. und 16. Juni waren in diesem Jahr nicht mehr als 49 Wagen am Start. Als Gesamtsieger wurden Pescarolo/Larrousse abgewunken; mit ihrem Matra-Simca hatten sie in 24 Stunden 4606 km zurückgelegt, einem Schnitt von 191,94 km/h entsprechend. Das Team van Lennep/Müller kam auf einem Porsche Carrera Turbo RSR auf Platz zwei. Pescarolo hatte drei Wochen zuvor auf einem BRM auch den Großen Preis von Monte-Carlo gewonnen.

Dieses Auto kann man in einem Preisausschreiben gewinnen. Die Mädchen natürlich nicht.

Durch ein Dutzend Universitätsstädte in Deutschland führt eine Werbetour, die der französische Zigarettenhersteller Gauloises gemeinsam mit Citroën veranstaltet. Unterwegs sind fünf Traction Avant, die man im Rahmen eines Preisausschreibens gewinnen kann. Besonders attraktiv ist der Hauptgewinn: es ist ein 11 CV Cabrio-Zweisitzer von 1938. Gefahren werden die fünf blauen Autos von jungen Damen – in Begleitung eines erfahrenen Citroën-Mechanikers.

Das Oberlandesgericht Saarbrücken hat entschieden, dass der Fahrlehrer in einem Fahrschulwagen grundsätzlich die Verantwortung trägt – auch wenn sein Schüler einen folgenschweren Fehler begeht.

World Cup Rallye 1974 London-Mexiko: Zur Endspiel der Fußball-WM in die Hauptstadt Mexikos führte die bisher längste Langstreckenrallye der Neuzeit. 52 Starter unterwegs über eine Distanz von 18.000 Kilometern durch Europa, Afrika und Südamerika – die Ausfallquote war entsprechend hoch, nur fünf Teams kamen in Wertung an, weitere 21 in Sonderwertung bzw. gar nicht in Wertung. Sieger wurden Tubmann/Wellinski/Reddiex auf eine Citroën DS 23, gefolgt von dem Damenteam Daeremont/Danoni auf Peugeot 504.

Noch in diesem Jahr soll die Fusion Peugeot-Citroën stattfinden. Citroën-Besitzer ist der Reifenhersteller Michelin. Peugeot soll die Führungsrolle übernehmen, und deshalb wird der Konzern auch PSA heißen: Peugeot Société Anonyme. Citroën ist mit derzeit 30.000 auf Halde stehenden Autos der schwächere Partner.

Der in den ersten drei Monaten des Jahres registrierte Aufwärtstrend in der deutschen Autoindustrie hat sich nicht fortgesetzt. Die Zulassungszahlen gingen inzwischen enorm zurück – bis zu 30 Prozent.

Was ist faszinierend an neuen Fahrzeugen? Beim VW Golf eigentlich alles. Schließlich hat er einen wassergekühlten Frontantriebsmotor, was die bisherige Volkswagen-Philosophie total auf den Kopf stellt.

Automobilbau bei BMW. Der Lackauftrag erfolgt (noch) per Handarbeit, und nicht jeder der Lackierer trägt eine Gesichtsmaske...

Montage der Rohkarosse bei BMW. Bis Roboter zur Verfügung stehen, ist Punktschweißen Expertenarbeit.

Das BMW-Konstruktionsbüro. Wie man sieht, werden die Fahrzeuge nur für Männer entworfen, und zwar für solche, die ihren Hut im Auto aufbehalten.

Anfertigung der Sitze, 360 Stück pro Mann und Tag.

JULI 1974

Deutschlands jüngste Rennfahrerin heißt Inez Muhle; sie ist erst 19 und fährt einen 210 km/h schnellen Formel-V-Monoposto mit Slicks, verchromten Rückspiegeln und Jägermeister-Kräuterlikör im Tank...

Der Automobilclub von Monaco veranstaltet eine Rallye nach Monte-Carlo für historische Fahrzeuge. Teilnahmeberechtigt sind alle Automodelle, die vor 1940 an der klassischen Sternfahrt teilgenommen haben.

Einen Betrag von 50.000 Mark spendete die BASF, um dem ADAC die Anschaffung eines Rettungshubschraubers zu ermöglichen. Opel (7000 Mark) und Porsche (5000) griffen nicht ganz so tief ins Portemonnaie.

Der Grad der Unzufriedenheit in Bezug auf Werkstattservice ist nach einer Umfrage der »Auto Zeitung« bei BMC am größten: 59 Prozent der Befragten haben Anlass zur Kritik. Fiat-Besitzer folgen mit 52 und Ford-Besitzer mit 34 Prozent. VW-Käfer-Fahrer rangieren in der Zufriedenheits-Skala ganz oben: 96 Prozent loben ihren Kundendienst.

Nicht sofort erkennbare Mängel, die sich aus einer unsachgemäßen Autoreparatur ableiten lassen, kann der Autobesitzer jetzt noch drei Monate nach der Rechnungsstellung reklamieren. Bisher betrug die Frist acht Wochen.

Die auf Selbstbedienungs-Automatik umgestellten Zapfsäulen an Italiens Tankstellen können zwischen echten und falschen Lirescheinen nicht unterscheiden. Immer häufiger kommt es vor, dass von den Automaten primitivste Blüten, sogar Fotokopien akzeptiert werden.

ARAL bietet ein neues Motoröl an, das als »mitdenkend« bezeichnet wird. Das neue Aral »Super Elastic« sei ein »chemisches Gehirn«, weil es Breitband-Additive aufweise.

Nach neun Monaten haben die Öl produzierenden arabischen Länder ihren Lieferboykott aufgehoben. Lange genug war es still geworden in Häfen wie Rotterdam, dem größten Ölumschlagplatz der Welt.

Nach Beendigung der Erdölkrise hat General Motors zwei stillgelegte Werke in den USA wieder geöffnet (Cadillac) – die Umsätze für Luxuswagen steigen. Nur die kleineren Kompaktwagen (Chevi Vega oder Ford Pinto) stagnieren noch. Starke Einbußen verzeichnen auch kleine Importfahrzeuge wie der Volkswagen, während BMW und Porsche enorme Zuwachsraten verzeichnen.

Wie die »Auto Zeitung« ermittelt hat, ist Stuttgart die teuerste Garagenstadt in Deutschland. Die Monatsmiete für einen Abstellplatz in einem öffentliche Parkhaus schlägt hier mit 120 Mark zu Buche. Am preiswerteste ist es in Dortmund: Hier zahlt man im Monat nur 50 Mark.

Obwohl seit 1970 in der Entwicklung, ist ein effizientes Antiblockiersystem (ABS) noch immer nicht serienreif. Daimler-Benz und die Firma Ate in Frankfurt arbeiten daran mit Hochdruck.

Werbung für den Austin Allegro. Ein überzeugendes Konzept, doch der nachlassende Ruf der British-Leyland-Fahrzeuge erschwert den Absatz englischer Autos in ganz Europa.

Er läuft und läuft und läuft noch immer: Der VW Käfer gehört nach Aussagen seiner Hersteller zu den »wirtschaftlichsten und zuverlässigsten Autos der Welt«. Das behaupten natürlich auch seine Konkurrenten von ihren Produkten.

VW-Käferproduktion in Puebla, Mexiko. 11.000 Mitarbeiter sind hier tätig und produzieren täglich 500 Autos, von denen mehr als ein Drittel Käfer sind.

Heckmotor-Philosophie in französischem Verständnis: Pures Fahrvergnügen im Simca Rallye 2. Es ist die mattschwarze Motorhaube, die ihn so schnell macht!

Gedränge auf der Rennstrecke Norisring: Die 2-Liter-Produktionswagen von Ford und BMW vor historischer Kulisse.

Gedränge auf der Rennstrecke Köln-Frankfurt. Geringeres Tempo, gleich hoher Stress…

JULI 1974

100.000 Dollar Schadenersatz muss die Stadt New York einem Autofahrer zahlen, der sich durch die Erschütterung seines Wagens beim Durchfahren eines tiefen Schlaglochs in der City eine Halswirbelverletzung zugezogen hatte. Der erfolgreiche Kläger konnte nachweisen, dass das Schlagloch bereits mehrere Monate existierte und eine starke Gefährdung darstellte.

Im ehemaligen Marstall des Schlosses Langenburg, Württemberg, hat Kraft Fürst zu Hohenlohe-Langenburg ein Oldtimer-Museum eingerichtet. Als Kurator hat er den Rennfahrer und Journalisten Richard v. Frankenberg gewinnen können.

Rechtzeitig zur Feriensaison werden sie auf den Autostraßen in Italien zu sehen sein, die Fiat-Pannenhelfer, deren Fahrer Deutsch als erste Fremdsprache beherrschen.

Der ärztliche Arbeitskreis »Rauchen und Gesundheit« empfiehlt die Abschaffung von Zigarettenanzündern und auch von Aschenbechern im Auto, weil Rauchen am Steuer die Verkehrssicherheit beeinträchtige.

Wegen der zur Zeit noch immer ungünstigen Absatzlage auf dem Automarkt hat VW für 50.000 Arbeiter Kurzarbeit angesagt.

Der bekannte Fernsehjournalist Peter von Zahn will das Leben und den Aufstieg des amerikanischen Autokönigs Henry Ford in einen Dokumentarfilm festhalten. Der mit deutschen Darstellern besetzte Fernsehfilm soll in etwa Jahresfrist fertiggestellt sein und vom ZDF ausgestrahlt werden.

Der Stundenlohn eines Automechanikers beträgt in der Bundesrepublik zwischen 6,50 und 10,– Mark. Der Autokunde muss für eine Werkstattstunde im Durchschnitt 35,– Mark bezahlen.

Pech mit seinen Dienstwagen hat BMW-Rennchef Jochen Neerpasch. Kürzlich wurde ihm zum dritten Mal ein Fahrzeug gestohlen. Erst waren es zwei 2002, jetzt ein 3.0 CSL.

Porsche-Versuchsfahrer und aktive Sportpiloten unterweisen Porsche-Käufer im Umgang mit ihrem neuen Auto. Porsche bietet auf dem Nürburgring entsprechende Kurse an, die aber auch anderen Interessenten offenstehen. Die Kursusgebühr pro Person beträgt 100 bis 170 Mark.

Spitzenreiter in den westdeutschen Zulassungslisten ist zur Zeit der Opel Kadett C, gefolgt vom VW Passat, VW Käfer und Audi 80.

Ein Geschäftsmann aus Hong-Kong kauft ausgediente oder aus anderem Grund nicht mehr benötigte Formel-1-Fahrzeuge auf. Theodore Yip hat auch den Ensign-Ford erworben, mit dem Riki von Opel bislang erfolglos steuerte. Mr. Yip will einen eigenen Rennstall aufbauen und mit diversen Fahrzeugen international mitmischen.

Mazda Pickup – soweit nichts Ungewöhnliches. Aber seine Aufschrift verrät, dass er einen Wankelmotor unter der Haube hat.

Jeep mit Klappwohnwagen – soweit nichts Ungewöhnliches. Aber sein Kennzeichen verrät, dass es eine gestellte Werbeaufnahme ist.

Rolf Stommelen, gefolgt von seinen Teamkollegen Toine Hezemans im ADAC-Eifelrennen auf dem Nürburgring.

Hans-Joachim Stuck, genannt Strietzel, mit einem 430 PS starken BMW 3,5 Liter, mit dem er auf dem Nürburgring einen neuen Runderekord aufstellte: 8 Minuten und 10,9 Sekunden.

Mit Charakter, ohne Schnickschnack: Triumph Sportwagen. Klassiker von Geburt an.

AUGUST 1974

Einladung zum Internationalen Bugatti-Jubiläumstreffen im September 1974 in Lyon. Das Motiv der Druckschrift entstammt einem zeitgenössischen Poster.

Was der ADAC am VW Golf so gut findet: Seine kompakte, geräumige Karosserie, seine praktische Heckklappe, den gut nutzbaren Kofferraum, die elastischen Motoren für Normalbenzin und deren Sparsamkeit, die handliche Bedienung, die gute Sicht, die sichere Straßenlage, den hohen Federungskomfort, spursicheren Bremsen, den gut zugänglichen Motor. Kritik übt der ADAC an der sehr dürftigen Grundausstattung, an den schwächlichen Stoßstangen, am Aufpreis für Scheibenbremsen und Gürtelreifen bei der 50-PS-Version.

Robert Lutz, bisher stellvertretender Vorstandsboss bei BMW unter Eberhard v. Kuenheim, wird am 1. August 1974 Vorstandsvorsitzender von Ford Köln. Bei BMW übernimmt Hans-Erdmann Schönbeck Bob Lutz' Position, der von Audi kommt.

Den Großen Preis von Europa auf dem Nürburgring konnte der Ferrari-Pilot Clay Regazzoni für sich entscheiden. Damit baute er seinen WM-Punktevorsprung auf 44 gegenüber Jody Scheckter (41), Emerson Fittipaldi (37) und Niki Lauda (36) aus.

Durchschnittlich 45 kg Kunststoff werden in einem Personenwagen deutscher Herkunft verbaut. Vor zwanzig Jahren betrug der Anteil nur knapp 3 kg.

Brillenträger unterliegen in Österreich nicht nur der Pflicht, beim Autofahren ihre Augengläser auch zu tragen, sondern sie haben auch eine Reservebrille mitzuführen – so verlangt es ein Eintrag im Führerschein.

Ein neuer VW-Bus mit wassergekühltem Frontmotor befindet sich in der Erprobung. Wann die frontgetriebenen neuen Modelle serienreif sein werden, wird noch geheim gehalten.

In München gibt es einen Arbeitsring zur Lärmbekämpfung, dessen Arbeit sich vor allem auf Verkehrslärm konzentriert. Doch die Klagen lärmgestörter Bürger halten sich in Grenzen: Pro Tag geht nur eine Anfrage oder Beschwerde ein.

Zwei Jahre währten die Wiederbelebungsversuche des Goggomobils. Jetzt wird die Produktion des letzten Nachfahren eingestellt – dies war der in Berlin gebaute AWS Shopper mit 250-ccm-Goggo-Motor. Mit einem Aufwand von 20 Millionen Mark wurden 1400 dieser kleine Kastenwagen für Inhaber des Führerscheins Klasse IV gebaut – 20.000 hätten es sein müssen, um Rentabilität zu erwirtschaften.

Citroën GS X2, der Anfang August 1974 vorgestellte neue Star aus Frankreich. Das GS-Grundmodell gibt es seit 1970.

Schüller/Weitmann auf Datsun 260Z auf der Hugenotten-Rallye. »Nippon Speed Car« haben sie ihr Auto getauft…

Und wem es auf Europas Straßen nicht staubig genug zugeht, unternimmt mit einem Renault 4 eine Reise in den Iran!

Alles was »extravagant« ist, trifft sich im August in der Londoner Olympia Hall. Die Firma Castrol lädt ein, weil sie ihren 75-jährigen Geburtstag feiern will.

AUGUST 1974

Eine Sparversion des großen BMW Coupés (E9) ist auf dem Markt. Statt eines 3-Liter-Motors hat dieses Auto einen 2,5 Liter unter der Haube, wie ihn auch der BMW 525 besitzt. An der Ausstattung ist jedoch nicht gespart worden, auch ist der Preis nicht viel niedriger als beim 3.0 CS.

Autowaschen belaste die Umwelt nicht mehr als ein Duschbad, steht in der »ADAC Motorwelt«. In Düsseldorf kostet Autowaschen auf der Straße 500 Mark Bußgeld, in Kassel 1000 Mark. In einer chemischen Analyse wies der ADAC nach, dass die Autowäsche für die Umwelt in aller Regel ohne schädliche Folgen bleibt.

Audi 50, der nette Kleine aus Ingolstadt. Die Vorstellung des Autos finden auf der Insel Sardinien statt.

ESSO wirbt mit einem neuen Slogan: »Es gibt viel zu tun, packen wir's an!« In einer Werbekampagne mit persönlichen Botschaften mahnt Wolfgang Oehme, Vorstandsvorsitzender der ESSO AG, zur Sparsamkeit im Kraftstoffverbrauch.

Bei keinem neu auf den Markt kommenden deutschen Auto findet man mehr das kleine Dreieck-Ausschwenkfenster. Vier Gründe werden dafür ins Feld geführt: Die immer besseren Belüftungsanlagen im Wagen machen das Schwenkfenster überflüssig, Langfinger haben geringere Chancen einzubrechen, der Blick in den Außenspiegel wird nicht beeinträchtigt, und last but not least ist die durchgehende Türscheibe aus einem Stück billiger in der Anfertigung.

Nach zehn Jahren als Auslandspressechef bei Daimler-Benz wechselt Dirk-Henning Strassl zu BMW nach München, wo er Presseleiter wird. Dort folgt er Werner Zenzytzki nach, der vor dem Kriege für die Öffentlichkeitsarbeit für Horch leitete und später für Glas tätig war.

Bei Daimler-Benz, so ist zu hören, soll sich für den 450 SEL ein 6,9-Liter-Motor in der Erprobung befinden. Das Auto mit dem starken V8-Motor soll noch Ende dieses Jahres erscheinen.

Zum PR-Direktor der Ford Werke AG in Köln wurde Hans-Wilhelm Gäb berufen. Er war im gleichen Hause zuvor Pressechef. Sein Nachfolger wird Alexander Demuth.

Wie aus Turin verlautet, will Fiat in den kommenden 5 Jahren aus Kostengründen keine neuen Modelle entwickeln, sondern sich auf die Verbesserung der laufenden und erfolgreichen Modellreihen konzentrieren.

Die lärmenden Telefonglocken in Taxisäulen sollen verschwinden, so fordert der Deutsche Städtetag, und durch optische Signale ersetzt werden.

Dieter Glemser und Harald Grohs (im Wagen) – zwei Profis des Rennsports am Circuit Paul-Ricard, Frankreich.

Start zum Super-V-Rennen in Hockenheim. Ganz vorn der Schwede Keke Rosberg, dem man eine große Karriere voraussagt. Im Wagen hinter ihm der Sieger Freddy Kottulinsky auf TS-Lola.

SEPTEMBER 1974

Citroën hat ein neues Modell vorgestellt: den CX. Zu seinen Besonderheiten zählen Geräumigkeit, eine leicht nach innen geneigte Heckscheibe, eine Armaturentafel mit rechteckigen Ausschnitten für Band-Tacho und -Drehzahlmesser, versenkte Bedienungshebel, einarmiger Scheibenwischer. Anfang des kommenden Jahres sollen der CX 2000 und 2200 auch nach Deutschland kommen.

Ford in Köln bietet ab sofort eine Verdoppelung der so genannten »Vernunft-Garantie« bei allen Modellen an. Sie erstreckt sich jetzt auf ein Jahr oder 20.000 Kilometer.

Dynamisches Nippon: Datsun Cherry F-II mit besonders schnellen Rückspiegeln in der rechtsgelenkten Ausführung für den japanischen Markt.

Das für 1977 in den USA vorgesehene Gesetz zum obligatorischen Einbau von Airbags in Personenwagen wird vermutlich doch nicht verabschiedet. Die Autoindustrie der Vereinigten Staaten hat unisono bekannt gegeben, dass die Sicherheitsforschung nicht dafür garantieren könne, ob der Airbag innerhalb der kommenden zwei Jahren seine Serienreife erlangt haben werde.

Die beliebe Peugeot-Limousine 205 ist jetzt mit Dieselmotor zu bekommen. Bisher gab es nur den Kombi als Dieselmodell. Der 1357-ccm-Vierzylinder leistet 41 PS.

An den EG-Abgasvorschriften scheitert der Export der Wartburg-Limousine aus Eisenach in die Bundesrepublik und andere Länder der Europäischen Gemeinschaft. Dort darf der Wagen nicht mehr neu zugelassen werden, weil sein Zweitaktmotor die Emissionsvorschriften nicht erfüllt.

Lederlenkräder werde vom TÜV nur noch abgenommen, wenn sie in der Nabe der Lenksäule einen Pralltopf aufweisen.

Als neuestes Extra bietet Daimler-Benz für seine Personenwagen eine Sitzheizung an. Der Aufpreis beträgt DM 199,80 pro Sitz.

Neu auf dem deutschen Automarkt ist das Alfetta GT Coupé von Alfa Romeo.

Der 121 PS starke Transaxle-Wagen kostet 17.490 Mark.

In der DDR besitzt jeder elfte Bürger über 21 Jahre einen Personenwagen. Damit liegt die ostdeutsche Republik an der Spitze aller Ostblockstaaten.

Gegen 100 Mark Aufpreis sind alle BMW Sechszylinder-Limousinen jetzt mit elektrisch verstellbaren Außenspiegeln erhältlich.

In Wolfsburg wird neben dem 70-PS-Golf jetzt auch die 1,1-Liter-Version mit 50 PS gebaut (Modellbezeichnung L und LS). Der zwei- und viertürig lieferbare Wagen mit Frontantrieb entspricht technisch dem seit Sommer gebauten Audi 80.

Tipp unter Freundinnen: »Schaff dir einen Fiat 127 an, Jessica, und du wirst sehen: die Porschefahrer schmelzen vor Mitleid nur so dahin!«

Auch in Polen werden gute Autos gebaut. Der Polski-Fiat erfreut sich bester Reputation.

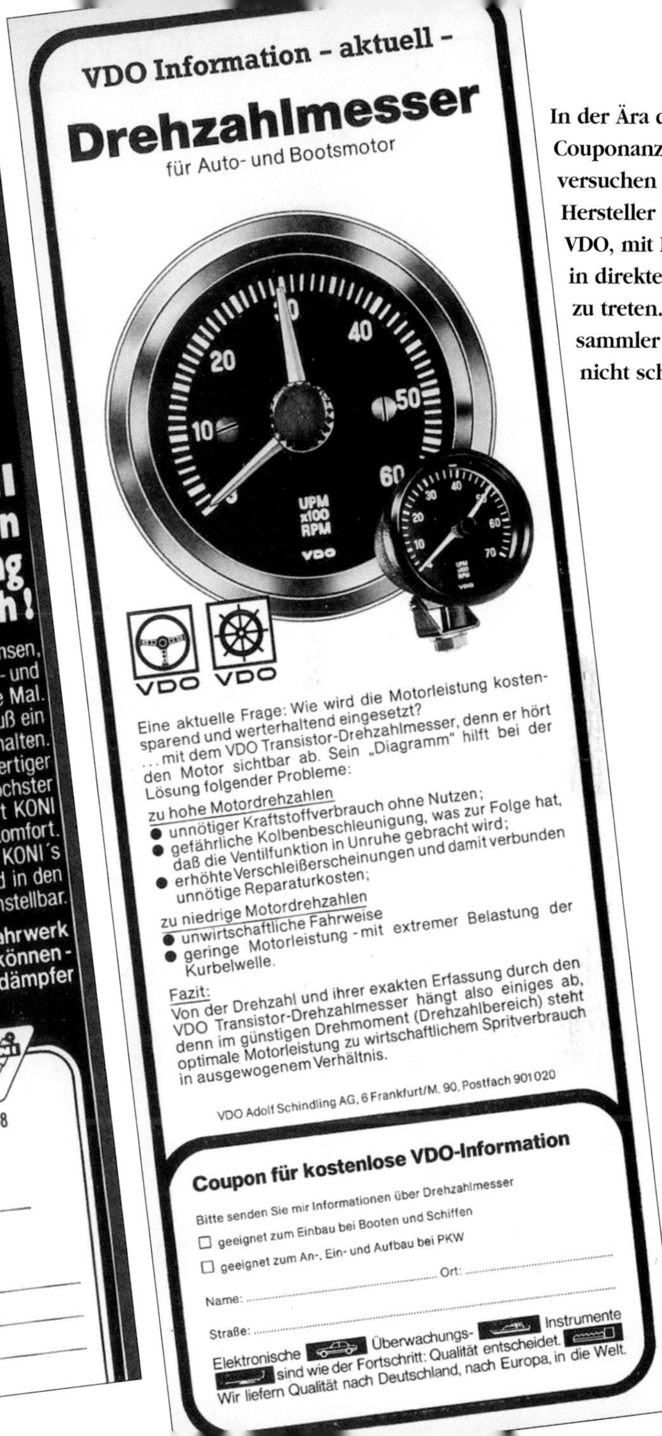

In der Ära der Couponanzeigen versuchen auch die Hersteller Koni und VDO, mit Kunden in direkten Kontakt zu treten. Prospektsammler hatten's nicht schwer.

Keilform im Extrem: Lamborghini Bravo mit 24 Sehschlitzen statt eines Rückfensters. Bei Bertone wird man einen guten Grund für dieses Styling gehabt haben – und sei es nur der, die gleiche Anzahl von Lamellen auch auf die Fronthaube zu platzieren. Pflegeempfehlung: Keine Waschstraße aufsuchen.

Mit einer Timex-Uhr macht das Harley-Fahren Spaß! Die junge Dame scheint soeben erfahren zu haben, dass aus dem Motorradspaß Ernst werden soll...!

Mit Pudding zum Erfolg. Selbst der AvD schwört auf den Puddingtest, wie dieses Inserat verrät.

Reflektierende Kennzeichen von Scotchlite und Michelin-zX-Bereifung: So schön kann Autofahren sein!

Werbung für den Opel Ascona. Der Wagen ist ein Allrounder, der im Sport wie im Alltag eine hervorragende Figur abgibt.

Mit dem neuen, durchweg überarbeiteten Capri hat aber auch Ford einen Hit gelandet. Besonders praktisch: Die große Heckklappe.

Der Fiat 133 wird bei Seat in Spanien gebaut, was diese Herrschaften aber keineswegs zum Auswandern veranlassen müsste. Die kleine Limousine hat einen Vierzylindermotor mit 843 ccm Hubraum und 34 PS.

FIAT
HN-KS78

OKTOBER 1974

Den Fiat 127 gibt es jetzt auch als Viertürer und Endes des Jahrs in einer Luxusversion. Ohne Aufpreis bietet Fiat den Wagen mit 40 statt 36 PS an.

Ab 1. Oktober 1974 tragen alle deutschen Autobahnen eine Nummer. Die A1 führt von Heiligenhafen über Hamburg und Köln nach Saarbrücken; A2: Helmstedt – Hannover – Dortmund – Venlo; A3: Arnheim – Frankfurt – Passau; A4: Aachen – Eisenach; A5: Bremen – Frankfurt – Basel; A6: Saarbrücken – Mannheim – Nürnberg – Waldhaus; A7: Flensburg – Kassel – Ulm – Füssen; A8: Saarlouis – Stuttgart – München – Salzburg; A9: Berlin – Hof – Nürnberg – München.

Rowan Elektroauto, Styling by Ghia, gezeigt auf dem Pariser Salon 1974. Nicht nur wegen der nach vorn öffnenden Türen ging das Auto nicht in Serie!

Ein Dieselmotor mit fünf Zylindern ist die Besonderheit der neue Mercedes-Benz 240 D 3.0. Mit 80 PS ist er der stärkste und mit 18.800 Mark zugleich der teuerste Diesel-Pkw in Deutschland.

Die Gebühren für die TÜV-Prüfung eines Personenwagens betragen zur Zeit 21 Mark. Für die Erteilung eines Führerscheins der Klasse 3 sind ab jetzt 43 Mark (vorher 36) zu bezahlen.

Am 18. Oktober öffnet auf dem Messegelände in Frankfurt am Main die »automechanika« ihre Pforten, eine Ausstellung für Werkstatt-, Garagen- und Tankstellenausrüstung.

Der VW-Porsche 914 hat ein neues Outfit erhalten. Gemäß US-Zulassungsvorschriften (8 km/h Aufprallsicherheit) hat man den Sportwagen auch in der Europa-Version mit wuchtigen schwarzen Stoßstangen ausgestattet. Der Mittelmotor-Porsche ist in 13 verschiedenen Farben lieferbar.

Der bereits im Mai 1973 vorgestellte Austin Allegro kommt jetzt auch auf den deutschen Markt. Die sehr reichhaltig ausgestattete Limousine gibt es mit 1100-, 1300- und mit 1500-ccm-Motor.

Durch die Verschmelzung von Audi und NSU mit VW haben etwa 400 kleinere Werkstattbetriebe, die bis jetzt Audi-NSU-Vertretungen waren, keine Überlebenschance mehr.

Es gibt viel zu tun, packen wir's an! sagen die Männer von ESSO. Nach dem Ölembargo der arabischen Länder suchen sie nun neue Ressourcen in der Arktis.

Da kann Papa lange nach der Nockenwelle suchen – die hat das Töchterchen geklaut! Aber mit dem SHC-Öl kann der BMW-Fahrer auf solche Teile gut verzichten.

Mercedes-Benz 1954, aufgenommen 1974 an der Sebastianstraße, bevorzugtes Kneipeneck der Rostlaubenbesitzer von Berlin-Kreuzberg.

Cadillac Fleetwood Special Brougham Special Edition 1974, aufgenommen auf dem bevorzugten Golfplatz der GM-Generaldirektion.

OKTOBER 1974

Wie aus Teheran verlautet, ist die Regierung des Iran an einer Übernahme des italienischen AGIP-Tankstellennetzes interessiert. Die Italiener dementieren, dass Verhandlungen mit dem Iran stattgefunden hätten.

Vermehrt bietet die Reifenindustrie Stahlgürtelreifen an. Vorreiter Michelin bekommt zusehends Konkurrenz. Nach Kleber, Dunlop und Fulda ist jetzt auch Metzeler auf dem Markt und bietet einen SR-Pneu an, der bis 180 km/h zu verwenden ist.

Das Pumpgenie in der Campingtasche! Wenn der Hubsack voll ist, Zündung ausschalten, sonst platz er... Der Inhalt des Sacks reicht nebenher für mehrere Mordanschläge aus.

Opel liefert seine Rekord- und Commodore-Modelle jetzt in einer Luxusversion aus, die den Beinamen »Berlina« trägt. Als Option erhält der Kunde auch eine Niveauregulierung. Der Commodore GS und GS/E erhielt vorn serienmäßig innenbelüftete Scheibenbremsen.

Eines der ältesten Modelle auf dem deutschen Automarkt ist der Peugeot 404. Der seit 1960 nahezu unverändert gebaute Viertürer soll vom kommenden Monat nicht mehr angeboten werden; der monatliche Absatz betrug zuletzt nur noch 30 Stück. Weiterhin im Programm bleibt der 404 in Frankreich und vor allem in afrikanischen Ländern.

Auf dem Pariser Salon debütiert ein neuer Porsche: Es ist der 3.0 Liter Turbo mit 260 PS bei 5500/min. Maserati hat einen neuen Quattroporte ausgestellt, Fiat den neuen 131, Peugeot das 504 Coupé mit einem V6-Motor, der gemeinsam mit Renault und Volvo entstanden ist.

Nach der neuen Straßenverkehrordnung wird »unnützes Hin- und Herfahren mit Belästigung« 40 DM Strafe kosten. Wer beim Befahren einer Einbahnstraße in der verkehrten Richtung erwischt wird, zahlt 30 Mark.

Beim Großen Preis der USA in Watkins Glen siegte Carlos Reutemann auf Brabham. McLaren-Fahrer Emerson Fittipaldi wurde nur Vierter, dennoch reicht sein

Punktevorsprung, um Formel-1-Weltmeister des Jahres 1974 zu werden.

Von Oktober an wird es eine neue Serie von »Jeans-Käfern« geben. Bei diesen Volkswagen handelt es sich um Sparkäfer zu 6795 Mark mit Sitzbezügen in Jeansstoff, Kopfstützen, Gürtelreifen auf Sportfelgen und H4-Halogenscheinwerfern.

Geschmiedete Leichtmetallfelgen sind jetzt auch für alle Volkswagen Käfer und 1600er zu haben. Der Satz kostet 800 Mark; die Umrüstung muss im Kraftfahrzeugbrief eingetragen werden.

Die Polizei Großbritanniens hat zur Überwachung des Verkehrs auf Schnellstraßen bei BMW Limousinen vom Typ 525 sowie 50 BMW Motorräder bestellt.

Britische Elite aus dem Leyland-Portfolio: Vorn ein nagelneuer Vanden Plas 1500, dahinter (links) der seit 1972 gebaute Daimler Double-Six (V12) Vanden Plas Saloon und die große Daimler 4.2 Litre Staatslimousine (rechts).

NOVEMBER 1974

Durch sechs Siege bei zehn Starts qualifizierte sich das Opel-Team Walter Röhrl und Jochen Berger als Rallye-Europameister des Jahres 1974.

Zu einer längst fälligen Maßnahme hat sich der Batteriehersteller Varta entschlossen: Ab sofort werden auf dem Batteriedeckel Jahr und Monat der Herstellung angegeben. Dadurch wird der Autofahrer davon bewahrt, eine zu lange gelagerte Batterie zu kaufen. Moderne, wartungsfreie Batterien sollten nicht länger als drei Jahre gelagert werden.

Fiat steckt in einer Absatzkrise wie nie zuvor. 260.000 unverkaufte Wagen stehen auf Halde. Täglich werden noch immer 6300 Autos produziert. Um die Situation in den Griff zu bekommen, will Fiat-Chef Agnelli die Drei-Tage-Woche einführen und die Produktion seiner Automobile um 20 Prozent herabsetzen.

Nissan Echo C4 für 15 Personen. In der Motorisierung eher bescheiden: Der Bus verfügt über einen 1567-ccm-Benzinmotor mit 75 PS.

Zugunsten der Deutschen Fernsehlotterie versteigert Hans-Joachim Stuck seinen Sturzhelm. Von den Lesern der »Auto Zeitung« wird »Strietzel« Stuck zum Rennfahrer des Jahres gewählt, knapp vor Niki Lauda, gefolgt von Jochen Mass und Emerson Fittipladi. Rennfahrer des Jahres in den Vereinigten Staaten ist Mario Andretti.

Die beliebteste Autofarbe in Deutschland ist derzeit Rot: 21 Prozent aller Neuwagen wurden in dieser Farbe ausgeliefert, gefolgt von Gelb (18 Prozent) und Grün (14 Prozent).

140 Jahre Automobilbau-Erfahrung kommen bei der jetzt vollzogenen Fusion der Firmen Peugeot und Citroën zusammen: Peugeot baut seit 85 Jahren Autos, Citroën seit 55 Jahren.

In der Bundesrepublik und West-Berlin sind 48.000 Taxifahrzeuge unterwegs. Sie befördern jährlich rund 350 Millionen Personen.

Zur traditionellen Rennwagenausstellung in Essen, auch Jochen-Rindt-Show genannt, werden 200.000 Besucher erwartet. Alle bedeutenden Meisterschaftswagen der abgelaufene Saison sollen zu sehen sein, und die berühmtesten Rennfahrer der Welt geben Autogrammstunden. Schirmherrin ist Nina Rindt, Witwe des 1970 in Monza verunglückten Rennfahrers Jochen Rindt.

In Wolfsburg wird die Herstellung des nicht sehr erfolgreichen VW 412 eingestellt. Der monatliche Absatz fiel unter 500 Wagen. Dafür bereitet man eine VW-Version des Audi 50 vor, der im kommenden Frühjahr unter der Bezeichnung »Polo« auf den Markt kommen soll.

Gleiches Layout, gleiches Thema: Alfa Romeo stellt die Sparsamkeit seiner Autos heraus. Sparsam war man auch in der Werbeagentur: Auf beiden Inseraten posiert der gleiche Wagen, mal mit, mal ohne Zapfsäule.

DEZEMBER 1974

Zum Manager des Jahres wählten Wirtschaftsjournalisten aus der Bundesrepublik den Vorstandsvorsitzenden der Daimler-Benz AG, Professor Dr. Joachim Zahn.

Mit Abschluss des Jahres 1974 vermochte sich VW mit 385.000 verkauften Autos den ersten Platz in der deutschen Zulassungsstatistik zurück zu erobern, den die Wolfsburger zwei Jahre lang hatten Opel überlassen müssen. Auf dem um insgesamt knapp 20 Prozent geschrumpften Markt schloss VW mit dem gleichen Ergebnis ab wie 1971. Opel büßte drei Prozent Marktanteil ein und kam dadurch auf Platz Zwei. Daimler-Benz und BMW verfehlten knapp ihre Vorjahresergebnisse.

Mit diesem Abarth 124 beteiligte sich Fiat an der East African Safari Rallye. Bestens bewährt hat sich das Schutzgitter gegen Moskitos, Elefanten und Staubwolken vorausfahrender Konkurrenten.

Die Björn-Steiger-Stiftung ließ mit eine Aufwand von 3 Millionen Mark an den Bundesstraßen 3, 14 und 25 sowie an alen Bundesstraßen in einem Umkreis von 50 km um Stuttgart mehr als 600 Notrufsäulen installieren.

Audi 80, Golf und Passat werden ab sofort mit verbesserter Schaltung und verbesserten Sitzen ausgeliefert. Vor allem die Sitze haben wiederholt zu Reklamationen geführt.

Daimler-Benz-Aktien im Wert von einer Milliarde Mark erwarb das Scheichtum Kuwait von der Quandt-Gruppe, die ihr Engagement auf die Bayerischen Motoren Werke konzentrieren will. Kuwait ist somit mit 15 Prozent an Mercedes beteiligt.

Der stark zurückgegangene Export deutscher Kraftfahrzeuge hat die Bundesrepublik den ersten Platz in der Ausfuhrstatistik gekostet. Jetzt ist Japan Auto-Exporteur Nummer Eins

Aston Martin in Not: Die britische Sportwagenfirma befindet sich in finanziellen Schwierigkeiten und muss die Produktion einstellen, wenn sich nicht ein starker Partner findet. Staatliche Kredite wurden bislang nicht bewilligt. Bei Aston Martin sind 500 Personen beschäftigt. Nur für maximal sechs Monate noch, so sieht es gegenwärtig aus, ist die Existenz der Firma zu halten.

Volvo will seine Beteiligung am niederländischen Hersteller DAF von derzeit 33 auf 75 Prozent erhöhen. Die wirtschaftliche und technische Zusammenarbeit soll intensiviert werden.

Der Dienst-Mercedes von Bundespräsident Walter Scheel wird verkauft. Der Wagen hat 120.000 Kilometer auf dem Tacho. Sein neuer Mercedes-Benz 450 wird inklusive aller Extras 70.000 Mark kosten.

Die FIA hat beschlossen, im kommenden Jahr bis zu 32 Fahrzeuge bei einem Grand Prix zum Training zuzulassen, für

Jaguar XJ12-C, das Hardtop-Coupé für Liebhaber rassiger Zwölfzylinder. Ein Blick unter die Motorhaube zeigt Ordnung und Übersichtlichkeit dank britischen »engineerings«, von dem sich das London-Brighton-Team auf dem 1898er Daimler kaum beeindrucken lässt. Stammt doch der Zweizylinder unter der kühn geformten Fronthaube ihres kettengetriebenen Hochradwagens noch von Gottlieb Daimler, Urahn des in Coventry gebauten Namensvetters.

das Rennen selbst soll die Höchstzahl 26 Fahrzuge betragen. Nur auf dem Nürburgring können es auch mehr sein.

Um 234 Kilometer wurde 1974 das deutsche Autobahnnetz erweitert; das hat 2,1 Milliarden Mark gekostet. Es ist jetzt mehr als 6000 Kilometer lang.

Aus der Sowjetunion wird gemeldet, dass 40 Prozent aller Unfälle, soweit erfasst, durch Trunkenheit am Steuer passieren, 37 Prozent wegen überhöhter Geschwindigkeit.

Von BMW ist zu hören, dass man in München an der Konstruktion eines V8-Motors arbeite. Es soll ein 4,5 Liter mit etwa 250 PS sein.

Nicht nur der Ford Capri II hat eine große Heckklappe. Sein großer amerikanischer Bruder, der 1974er Mustang II, kann damit ebenfalls aufwarten.

Verdoppelt werden soll das Bußgeld – nämlich auf 200 von bisher 100 Mark – für das Überholen an Fußgänger-Überwegen (Zebrastreifen).

Volkswagen ruft alle Golf und Scirocco in die Werkstatt zurück, die seit September in den Verkehr kamen. Grund: Ein möglicher Montagefehler an der Bremse. Der Mangel lässt sich jedoch mit wenigen Handgriffen beheben.

Für die deutsche Automobilindustrie war 1974 kein sehr gutes Jahr. Die Gesamtzahl der produzierten Autos betrug 1,6 Millionen; 1973 waren es 2 Millionen gewesen.

In den Vereinigten Staaten sind gegenwärtig 105 Millionen Autos zugelassen. Davon allein 11,2 Millionen im Bundesstaat Kalifornien.

VW-Chef Rudolf Leiding tritt am 20. Dezember nach dreijähriger Amtszeit von seinem Posten zurück. Trotz guter Absatzerfolge steckt das Werk, wie alle anderen Hersteller auch, in einer Krise und wird voraussichtlich 400 Millionen Mark Verlust hinnehmen müssen.

Die Japaner haben es 1974 geschafft, mit 420.000 exportierten Autos einen neuen Rekord aufzustellen. 1971 waren es fast 300.000 gewesen.

Aus dem Irak erhielt Daimler-Benz einen Großauftrag zur Lieferung von

10.000 Lastwagen, was einem Geschäftsvolumen von einer Milliarde Mark entspricht. Die Fahrzeuge sollen im Laufe des kommenden Jahres geliefert werden.

Die Deutsche Verkehrswacht zählt 100.000 Mitarbeiter und hat für Maßnahmen zur Verkehrssicherheit in Zusammenarbeit mit dem Verkehrsministerium und der Polizei in der ganzen Bundesrepublik insgesamt 16,5 Millionen Mark ausgegeben. Bekanntestes Werbemittel ist die Fernsehsendung »Der 7. Sinn« (Westdeutscher Rundfunk) und die »Sendung mit der Maus« (ARD).

280 SL

Die sportlichen Modelle 350 SL und 450 SL wurden um einen neuen Typ ergänzt: Mercedes-Benz 280 SL. Äußerlich gleich – abgesehen von der Typenbezeichnung am Heck – unterscheiden sich die drei Modelle in ihren Motorleistungen.
Der 280 SL ist mit dem seit Jahren bewährten 6-Zylinder-Doppelnockenwellen-Motor ausgerüstet, der zu den modernsten Hubkolbenmotoren der Welt zählt.
Gute Beschleunigung und müheloses Anpassen an jede Verkehrssituation ist damit garantiert.

6-Zylinder-Doppelnockenwellen-Motor mit elektronisch gesteuerter Benzineinspritzung: 185 PS/DIN bei 6000 U/min bzw. 136 kW bei 6000/min.

350 SL

Der Mercedes-Benz 350 SL ist ein schnelles, doch sicheres Fahrzeug: Höchstgeschwindigkeit ca. 210 km/h. Aber es gibt Wichtigeres als Spitzengeschwindigkeiten. Einfädeln in den fließenden Verkehr, aus Grundstücksausfahrten, Parklücken oder Autobahn-Einfahrten heraus muß schnell erfolgen. Autofahrer werden um so leichter damit fertig, je besser die Beschleunigungswerte ihres Wagens sind. Deshalb verfügt der 350 SL über einen starken 3,5-l-V8-Motor mit 200 PS/DIN (147 kW). Dieser Motor beschleunigt den Wagen in 9,5 s von 0 auf 100 km/h. Zügiges, beherrschtes Fahren und kompromißlose Fairneß ist die Formel für den heutigen Straßenverkehr. Mercedes-Benz baut seine Automobile für Fahrer, die das verstehen.

Leichtmetall-Felgen und Coupédach gehören zu den Sonderausstattungen. Serienmäßig werden alle drei SL-Modelle als Roadster (mit Klappverdeck) geliefert.

Ab Juli 194 ist der Mercedes-Benz SL auch mit einem 2,8-Liter-Sechszylinder zu bekommen. Eine sparsame Alternative zum V8-Modell. 350 SL und 450 SL rangieren in der Dream-Car-Klasse natürlich ganz oben...

Kleine Autos ganz groß: Da hat Autobianchi genau das richtige zu brieten: Ein Citymobil, auch A 112 genannt.

GEFAHREN UND GETESTET

1974

Die neue Volvo-Generation

Rechteckscheinwerfer zeichnen Volvos neues Spitzenmodell, den Typ 264, aus.

Modellkonstanz zeichnet seit jeher alle Volvo aus. Nach achtjähriger Bauzeit werden nun die bisherigen Limousinen durch neue Typen abgelöst. Wir prüften die neuen Volvo mit ihren modernen Motoren ausgiebig auf schwedischen Landstraßen jeder Ordnung.

Für schwere Unfälle hat Volvo die Knautschzonen besonders im Wagenbug noch weiter verstärkt. Mit der ausgeklügelten Verformungsstruktur des Aufbaus werden die Insassen bei einem Frontalzusammenstoß mit 65 km/h nicht höher belastet als es die neuen amerikanischen Sicherheitsvorschriften erfordern... Mit Stolz apostrophieren die Schweden ihre neuen Modelle wegen der guten Resultate bei Crashversuchen. Schöner geworden sind die neuen Modelle durch die gesteigerte passive Sicherheit nicht. Die vorstehenden Stoßstangen und de nach vorn verlängerte Schnauze wirken ziemlich klobig.

In logischer Konsequenz gibt Volvo nach der bisherigen 100er Serie der neue Typenreihe die Kenziffer 200: 242, 244 und 245. Als überarbeiteter Sechszylinder kommt der 264 auf den Markt. Äußerliche Neuheit: Formatfüllender Kühlergrill, Rechteckscheinwerfer und Kraftbuckel auf der breiten Motorhaube. Auf den 264 werden deutsche Käufer aber noch ein wenig warten müssen.

Im Vierzylinder steuert eine obenliegende Nockenwelle im Leichtmetall-Zylinderkopf die parallel hängenden Ventile direkt über Stößel. Ein Zahnriemen treibt die Nockenwelle an. Ein- und Auslassventile liegen sich gegenüber. Durch Aufbohren auf 92 mm wurde der Hubraum des bisherigen B2-Motors auf 2130 ccm vergrößert. Mit seinem Stromberg-Vergaser leistet der Motor bei 5000 U/min 97 PS.

Bei der E-Maschine drückt eine Bosch-KA-Einspritzung den Sprit in die Ansaugwege. Hier konnte die Leitungsausbeute auf 123 PS bei 5500 Touren gesteigert werden. Beide Varianten geben sich mit Normalkraftstoff zufrieden.

Bei Überholmanövern müssen schon alle 97 Pferdestärken eingesetzt werden, um den schwergewichtigen Volvo auf Tempo zu bringen Dabei schwillt mit der Drehzahl auch das Brummgeräusch des schwer arbeitenden Vierzylinders kräftig an Der stärkere Einspritzmotor beschleunigt die Limousine, die schon in der einfachsten Ausstattungsvariante 1200 kg auf die Waage bringt, deutlich besser... Alle neuen Motoren sind mit einer kontaktlosen Transistorzündung ausgestattet. Sie spart Wartungs- und Benzinkosten, weil sich der Zündzeitpunkt im Betrieb nicht mehr verstellen kann.

Der Sechszylinder-V-Motor mit Bosch-Einspritzung hat eine Höchstleistung von 140 PS bei 6000 U/min. Doch trotz der hohen Nenndrehzahl arbeitet die Maschine elastisch und weich. Nur bei höheren Drehzahlen macht sich die geringere Geräuschdämpfung des Aluminiumblocks im Fahrgastraum bemerkbar.

An den Sechszylinder kann eine neu entwickelte Schaltautomatik von Borg-Warner angeflanscht werden. Dieses automatische Getriebe zeichnet sich durch

Kunststoffbelegte Aluminium-Stoßstange

sehr weiche Übergänge von einer Fahrstufe zur nächste aus. Leider reagierte es nur sehr widerwillig und träge auf Kick-down...

Hinter dem Lenkrad spürt der Volvo-Kenner sofort, dass sich die Wagen der neuen Modellserie präziser dirigieren lassen Das völlig neue Lenkgefühl vermittelt die feinfühlige Zahnstangenlenkung, die ohne Servounterstützung allerdings etwas knapper untersetzt sei könnte.

Um Platz auch für den neuen V6-Motor zu schaffen, gibt Volvo den 200er Modellen als vordere Radaufhängung McPherson-Federbeine mit auf den Weg. Gegen die erhöhte Flatterneigung dieser Radführung sorgten Volvos Ingenieure gut vor. So werden auf die neuen Typen nur noch Stahlgürtelreifen aufgezogen.

Die Techniker strebten bei den neuen Modellen nach dem höchstmöglichen Komfort, der allerdings durch die hintere Starrachse auf schlechten Straßen spürbar beschnitten wird. Die weichen Dämpfer können die ungefederten Massen der Hinterachse nicht bändigen Sie springt und versetzt trotz der präzisen Führung an doppelten Längslenkern und an einen Panhardstab... Während die Vorderradführung selbst größere Stöße fast völlig schluckt, lässt die Hinterachse schon kleinere Straßenunebenheiten fühlbar werden.

Der neu gestaltete Innenraum bietet fünf Personen großzügig Platz. Auch die Fondgäste können sich entspannen und die Beine weit von sich strecken... der großzügig bemessene Innenraum, das schluckfreudige Gepäckabteil und die hohe Zuladung machen den Volvo zu einem idealen Familien-Reisewagen.

Die neue Volvo-Generation besticht nicht mit extravaganten Details oder atemberaubenden Lösungen. Vielmehr haben die Schweden eine Abrundung bewährter Konstruktionen angestrebt. Die Sachlichkeit und Funktionalität der Vorgängermodelle ist daher ohne Abstriche beibehalten worden. Die Sicherheitsfahrzeuge aus Schweden mögen manchem Käufer allzu zu nüchtern geraten sein, doch gibt es Anzeichen, dass Volvo mit dieser Einstellung zum Automobil schon einen Schritt in die Zukunft voraus ist.

Auszug aus einem Bericht in der »Auto Zeitung«, von Jürgen Stockmar in Heft 20 vom 19. September 1974.
Fotos: Willy Bister.

Die neuen Volvo-Modelle vermitteln ein direkteres Fahrgefühl. Sie schieben bei schnellerer Kurvenfahrt deutlich über die Vorderräder.

Serienmäßig:
Wischer für die Scheinwerfer.

Mit seiner Länge von knapp fünf Metern ist der Volvo ein großes Fahrzeug. Er bietet seinen Fahrgästen und dem Gepäck viel Raum.

McPherson-Federbeine schaffen Raum für den V-6-Motor aus Leichtmetall.

Die Sitze sind sehr komfortabel.

14-Zoll-Felgen mit Stahlgürtelreifen.

SHOW ROOM

Autos, die es 1974 in Deutschland zu kaufen gab

Ein Überblick ohne Anspruch auf Vollständigkeit. die überwiegende Zahl der Modelle gab es auch in anderen Varianten, vor allem amerikanische Fabrikate wurden in weitaus mehr Motorisierungen angeboten als hier aufgezählt.

Ford Mustang II mit 2,3-Liter-Vierzylinderrmotor. Vor genau zehn Jahren wurde der erste Mustang präsentiert.

Marke	Modell	Zylinder	ccm	PS
Alfa Romeo	Alfasud Limousine	4	1186	63
Alfa Romeo	Alfasud ti Limousine	4	1186	68
Alfa Romeo	Giulia Super Limousine 1,3	4	1290	87
Alfa Romeo	Giulia Super Limousine 1,6	4	1570	116
Alfa Romeo	Alfetta Limousine	4	1779	121
Alfa Romeo	2000 Berlina	4	1962	131
Alfa Romeo	GT/GTA 1300 Junior Cpé.	4	1290	103
Alfa Romeo	GTA 1600 Cpé.	4	1570	125
Alfa Romeo	Montreal Coupé	V8	2593	200
Alfa Romeo	1300 Spider	4	1281	87
Alfa Romeo	1600 Spider	4	1557	125
Alfa Romeo	2000 Spider	4	1948	131
Alfa Romeo	2000 GT Veloce Cabr.	4	1962	150
Alfa Romeo	Alfetta GT Coupé	4	1570	125
Ambassador	Limousine	V8	4981	152
AMC	Gremlin Limousine	6	3801	101
AMC	Hornet Limousine/Coupé	6	3801	101
AMC	Javelin Coupé	V8	4235	112
AMC	Matador Limousine/Coupé.	6	3801	101
AMC	Matador Coupé	V8	4979	152
Aston Martin	V8 Coupé	V8	5340	195
Aston Martin	Vantage Coupé	6	3995	165
Audi	80, 80 L Limousine	4	1281	55–60
Audi	80 S, LS Limousine	4	1460	75
Audi	80 GL Limousine	4	1460	85
Audi	100 L Limousine	4	1588	100
Audi	100 L Limousine	4	1749	90
Audi	100 LS Limousine	4	1749	100
Audi	100 GL Limousine	4	1858	112
Audi	100 Coupé S	4	1858	112
Austin	Maxi Limousine	4	1748	72–91
Austin	Maxi Limousine	4	1485	68
Austin	1800 Limousine	4	1798	82
Austin	2200 Limousine	4	2227	108
Austin	Allegro Limousine	4	1098	48
Austin	Allegro 1500 Limousine	4	1485	69
Austin	Allegro SS Limousine	4	1748	76

Chevrolet Chevelle Malibu Station Wagon mit 7,3-Liter-V8-Motor und Dreistufen-automatik. Über GM Deutschland in Wiesbaden zu haben.

Datsun 240K GT. Zum rückwärts Einparken nicht so gut geeignet...

SHOW ROOM

Autos, die es 1974 in Deutschland zu kaufen gab

Mischt jetzt auch in Europa die Kleinwagenklasse auf: Mazda 1000.

Marke	Modell	Zylinder	ccm	PS
Autobianchi	A112/E Limousine	4	903	47
Autobianchi	A112 Abarth Limousine	4	982	58
Bentley	T-Series Limousine	V8	6750	ca. 220
Bentley	Corniche Cabrio/Coupé	V8	6750	ca. 220
BMW	1602 Limousine	4	1573	85
BMW	1802 Limousine	4	1766	90
BMW	1802 touring Kombi	4	1766	90
BMW	2002 Limousine/Cabrio	4	1990	100
BMW	2002 tii Limousine	4	1990	130
BMW	2002 tii Touring Kombi	4	1990	130
BMW	2002 turbo Limousine	4	1990	170
BMW	520/520i Limousine	4	1990	115–130
BMW	525 Limousine	6	2494	145
BMW	2500 Limousine	6	2494	150
BMW	2800 Limousine	6	2985	170
BMW	3.0 S/Si/CS/CSi/CSL Coupé	6	2997	150–200
BMW	3.3 L Limousine	6	3295	190
BMW	2,5 CS Coupé	6	2494	150
Buick	Century Coupé	V8	5724	177
Buick	Le Sabre Limousine	V8	5724	150
Buick	Electra Hardtop	V8	7468	213
Buick	Riviera Coupé	V8	7468	233
Cadillac	Calais/De Ville Limousine/Cabrio	V8	7729	208
Cadillac	Fleetwood Eldorado Lim./Cab.	V8	8194	213
Chevrolet	Vega Hatchback Coupé	4	2287	86
Chevrolet	Chevy Nova Limousine	6	4093	101
Chevrolet	BelAir/Impala Limousine	V8	6573	152
Chevrolet	Camaro Coupé	V8	5733	248
Chevrolet	Camaro LT/LTC Coupé	V8	5733	248
Chevrolet	Chevelle Malibu Coupé/Cabrio	6	4093	101
Chevrolet	Chevelle Malibu Coupé/Cabrio	V8	5733	147
Chevrolet	Caprice Cabriolet	V8	6573	152
Chevrolet	Corvette Stingray Coupé	V8	5733	198
Chevrolet	Corvette Stingray Coupé	V8	7443	274
Chrysler	USA Newport Limousine	V8	6555	188
Chrysler	New Yorker Limousine	V8	7206	233
Chrysler France	160 Limousine	4	1639	80

Marke	Modell	Zylinder	ccm	PS
Chrysler France	180 Limousine	4	1812	100
Chrysler France	2 Litre Limousine	4	1981	110
Citroën	2 CV 4 Limousine	2	435	24
Citroën	2 CV 6 Limousine	2	602	28,5
Citroën	Dyane 6 Limousine	2	602	32
Citroën	Ami Super Limousine/Kombi	2	1015	54
Citroën	GS 1015 Limousine/Kombi	4	1015	54
Citroën	GS 1220 Limousine/Kombi	4	1222	60
Citroën	D-Special Limousine/Kombi	4	1985	99
Citroën	D Super 5 Limousine/Kombi	4	2175	106
Citroën	DS 20 Limousine	4	2175	106
Citroën	DS 23 Limousine	4	2347	130
Citroën	DS 23 injection Limousine	4	2347	130
Citroën	Break 20 Kombi	4	2175	106
Citroën	Break 23 Kombi	4	2347	130
Citroën	SM Coupé	V6	2675	170
DAF	33 Limousine/Kombi	2	746	28
DAF	44 Limousine/Kombi	2	844	40
DAF	66 L Limousine	4	1108	47
DAF	66 SL Limousine/Coupé	4	1108	55
DAF	66 Marathon Limousine	4	1108	55
Daimler	Sovereign 4.2 Limousine	6	4235	198
Daimler	V12 5,4 Liter Limousine/Coupé	V12	5343	243
Datsun	Cherry 100A Limousine	4	988	45
Datsun	Sunny 120 Y Limousine	4	1171	52
Datsun	Violet 140 J Limousine	4	1426	65
Datsun	Bluebird 160 B 4 Limousine		1595	100
Datsun	Laurel 1800 Limousine/Cpé.	4	1770	105
Datsun	240 Z Coupé	6	2393	130
De Tomaso	Pantera GT Coupé	V8	5769	330
De Tomaso	Deauville Limousine	V8	5769	330
De Tomaso	Longchamp Limousine	V8	5769	330
Dino	246 GT Coupé/Cabrio	6	2418	195
Dino	308 GT Coupé	6	2929	140
Dodge	Dart/Polara Limousine	6	3249	96
Dodge	Dart/Coronet Limousine	V8	5210	152
Dodge	Monaco V8 Limousine	V8	5898	182

Opel Manta GT mit eingebautem Liebhaberstatus.

Ferrari Dino 308 GT4 V8, ein 250 km/h schneller Dreiliter mit 255 PS, karossiert von Nuccio Bertone.

Autos, die es 1974 in Deutschland zu kaufen gab

Humber Sceptre Saloon. Die Marke gehört seit 1967 zum Chrysler-Konzern.

Marke	Modell	Zylinder	ccm	PS
Ferrari	365 GTB 4 Coupé	V12	4390	352
Ferrari	365 GTC 4 Coupé	V12	4390	340
Ferrari	365 GT4 BB Coupé	V12	4390	360
Fiat	500 Limousine	2	594	18
Fiat	126 Limousine	2	588	23
Fiat	127 Limousine	4	903	47
Fiat/Seat	133 Limousine	4	843	34
Fiat	128 Limousine	4	1116	55
Fiat	128 Coupé	4	1116	64
Fiat	128 Coupé 1300SL	4	1290	75
Fiat	128 Rally Limousine	4	1290	67
Fiat	124 Limousine/Kombi	4	1197	65
Fiat	124 Special Limousine	4	1427	75
Fiat	124 Sport Coupé/Spider	4	1427	75
Fiat	124 Abarth Rally	4	1756	128
Fiat	X1/9 Targa-Coupé	4	1290	73
Fiat	130 Limousine/Coupé	6	3238	165
Ford	Escort 1100 Limousine	4	1071	44
Ford	Escort 1300 Limousine	4	1263	57
Ford	Escort Sport/GT Limousine	4	1263	72
Ford	Capri II Coupé 1300	4	1298	57
Ford	Capri II GT Coupé 1600	4	1593	88
Ford	Capri II Coupé 2300	V6	2274	108
Ford	Capri II Coupé RS 2600	6	2632	150
Ford	Capri II Coupé 3000	V6	2994	138
Ford	Taunus 1300 Limousine	4	1263	55
Ford	Taunus 1600 Limousine	4	1576	72
Ford	Taunus 1600 GT Limousine	4	1576	88
Ford	Taunus 2000 Limousine	V6	1998	90
Ford	Taunus 2000 Limousine	4	1998	98
Ford	Taunus 2300 GXL Lim./Coupé	V6	2274	108
Ford	Consul 1700 Limousine	4	1680	75
Ford	Consul 2000 Limousine	4	1955	99
Ford	Consul 2300 GT Limousine	V6	2274	108
Ford	Granada 2300 Limousine	V6	2274	108
Ford	Granada 2600 GXL Limousine	V6	2520	125
Ford	Granada 3000 GXL Limousine	V6	2945	138

Ford Mustang II mit 2,3-Liter-Vierzylindermotor. Vor genau zehn Jahren wurde der erste Mustang präsentiert.

Jensen Interceptor mit Chrysler-V8-Motor und Vierradantrieb. Not bad!

Lotus Elite Coupé, keilförmig wie es die Stylingmode vorschreibt.

SHOW ROOM

Autos, die es 1974 in Deutschland zu kaufen gab

Triumph Spitfire 1500. 1962 gab der Wagen sein Debüt; ab Jahresende 1974 ist er endlich mit einem stärkeren Motor zu bekommen.

Marke	Modell	Zylinder	ccm	PS
Ford	T5 (Mustang II) Coupé	4	2301	89
Ford	T5 (Mustang II) Coupé	V6	2793	106
Ford	Torino Limousine	V8	4995	142
Ford	LTD Limousine	V8	6589	172
Ford	Thunderbird Coupé	V8	7536	223
Honda	Civic Limousine	4	1169	60
Honda	Civic CVCC Limousine	4	1488	63
Innocenti	Mini Limousine	4	998	46--55
Innocenti	Mini Cooper Limousine	4	1275	71
Iso Rivolta	Lele/Grifo Coupé	V8	5768	325
Iso Rivolta	Fidia Limousine	V8	5768	326
Jaguar	XJ6 4.2 Limousine/Coupé	6	4235	186
Jaguar	XJ12 Limousine/Coupé	V12	5343	243
Jaguar	E-Type V12 Coupé/Cabrio	V12	5343	243
Jensen	Healey Cabrio	4	1973	142
Jensen	Interceptor III Coupé	V8	7206	184
Lamborghini	Urraco Coupé	V8	2463	220
Lamborghini	Espada Coupé	V12	3929	350
Lamborghini	Jarama Coupé	V12	3929	365
Lamborghini	Countach Coupé	V12	3929	385
Lada/Shiguli	1200 Limousine	4	1198	60
Lancia	Fulvia Coupé	4	1298	90
Lancia	Beta 1400 Limousine	4	1438	90
Lancia	Beta 1600 Limousine/Coupé	4	1582	100
Lancia	Beta 1800 Limousine/Coupé	4	1756	110
Lancia	2000 (IE) Limousine/Coupé	4	1991	110–115
Lancia	2000 HF Limousine/Coupé	4	1991	125
Leyland	Marina Limousine/Coupé	4	1485	68
Lincoln	Continental Limousine/Coupé	V8	7536	218
Lotus	S2 Coupé	4	1558	126
Lotus	Europa Special Coupé	4	1558	126
Maserati	Merak Coupé	V6	2965	190
Maserati	Bora Coupé	V8	4719	310
Maserati	Indy Coupé/Spider	V8	4931	320
Matra	Simca Bagheera Coupé	4	1294	84
Mazda	616 Coupé	4	1272	87
Mazda	818 Limousine/Coupé	4	1272	87

Marke	Modell	Zylinder	ccm	PS
Mazda	818 1.6 Limousine/Coupé	4	1586	100
Mazda	RX-3 Cpé., Wankelmotor	Kammervol.	574	105
Mazda	RX-4 Lim./Cpé. Wankelmotor	Kammervol.	574	115
Mercedes-Benz	200 Limousine	4	1971	95
Mercedes-Benz	200 D Limousine	4	1971	55
Mercedes-Benz	220 Limousine	4	2172	105
Mercedes-Benz	220 D Limousine	4	2172	60
Mercedes-Benz	240 D Limousine	4	2404	65
Mercedes-Benz	230/4 Limousine	4	2307	110
Mercedes-Benz	230/6 Limousine	6	2253	120
Mercedes-Benz	240 D Limousine 3.0	5	3005	80
Mercedes-Benz	250 Limousine	6	2748	130
Mercedes-Benz	250 C Coupé	4	2748	130
Mercedes-Benz	280 S Limousine	6	2727	160
Mercedes-Benz	280 E Limousine	6	2727	185
Mercedes-Benz	280 SE Limousine	6	2727	185
Mercedes-Benz	280 C Coupé 6	6	2727	160
Mercedes-Benz	280 CE Coupé 6	6	2727	185
Mercedes-Benz	350 SE Limousine	V8	3459	200
Mercedes-Benz	350 SL Cabrio	V8	3459	200
Mercedes-Benz	350 SLC Coupé	V8	3459	200
Mercedes-Benz	450 SE /SEL Limousine	V8	4520	225
Mercedes-Benz	450 SL Cabrio	V8	4520	225
Mercedes-Benz	600 Limousine/Pullman	V8	6332	250
Mercury	Comet Limousine/Coupé	6	3272	85
Mercury	Cougar Cpé./Cabrio	V8	5769	165
MG	Midget Roadster	4	1275	58
MGB	GT Cabrio/Coupé	4	1798	93
MGB	GT V8 Coupé	V8	3532	137
Mini	Clubman Limousine	4	998	36
Mini	1000 Limousine	4	998	36
Mini	1275 GT Limousine	4	1275	52
Mitsubishi	Galant Coupé/Limousine	4	1597	100
Mitsubishi	Galant FTO	4	1439	92
Mitsubishi	Lancer Limousine		1187	70
Monteverdi	High Speed 375 L Coupé	V8	7206	305
Monteverdi	375 L Limousine	V8	7206	305

Peugeot 504 Coupé, seit 1969 gebaut, ist ab Oktober 1974 mit einem 136 PS starken V6-Motor zu bekommen.

Wie das Peugeot 504 V6 Coupé ist auch das attraktive Cabrio eine Kreation von Pininfarina.

Autos, die es 1974 in Deutschland zu kaufen gab

Der ideale Zweitwagen für Frau und/oder Freundin: der sportliche Fiat 127.

Marke	Modell	Zylinder	ccm	PS
Monteverdi	Hai 450 Coupé	V8	6974	390
Morgan	4/4 Roadster	4	1599	86
Morgan	Plus 8 Roadster	V	3532	154
Morris	Marina 1300 Limousine	4	1275	61
Morris	Marina 1800 Limousine	4	1798	84
Morris	Marina 1800 TC Limousine	4	1798	92
Nissan	Skyline Limousine	4	1593	100
Nissan	Skylinie 1800 Coupé	4	1815	105
Nissan	siehe auch Datsun			
NSU	Ro 80, Lim. Wankelmotor	Kammervol	498	115
Odsmobile	Cutlass Limousine/Coupé	V8	5736	180
Oldsmobile	Delta 88 Limousine	V8	5736	182
Oldsmobile	Toronado Coupé	V8	7446	233
Opel	Kadett 1,2 Lim./Kombi/Coupé	4	1196	52–60
Opel	Ascona 1.2 Limousine/Kombi	4	1196	60
Opel	Ascona 1.6 Limousine/Kombi	4	1584	68
Opel	Ascona 1.9 Limousine/Kombi	4	1897	90
Opel	Manta 1.2 Coupé	4	1196	60
Opel	Manta 1.6 Coupé	4	1584	68
Opel	Manta 1.9 Coupé	4	1897	90
Opel	Rekord 1700 Lim./Kombi/Coupé	4	1698	66–83
Opel	Rekord 1900 Lim./Kombi/Coupé	4	1897	97
Opel	Rekord 2100 D Limousine/Kombi	4	2053	60
Opel	Commodore Limousine/Coupé	6	2461	115
Opel	Commodore GS Limousine/Coupé	6	2461	130
Opel	Commodore GS/E Lim./Coupé	6	2753	160
Opel	Admiral Limousine	6	2753	132
Opel	Admiral E Limousine	6	2753	165
Opel	Diplomat E Limousine	6	2753	165
Opel	Diplomat 5.4 V8 Limousine	V8	5303	230
Panther	J72 Roadster	6	4235	193
Panther	J72 V12 Roadster	V12	5343	270
Peugeot	104 Limousine/Coupé	4	954	46
Peugeot	204 Limousine/Kombi	4	1130	50
Peugeot	204 Limousine 4 Diesel	4	1357	41
Peugeot	304 S Limousine	4	1288	60–69
Peugeot	404 GT Limousine	4	1618	62

Marke	Modell	Zylinder	ccm	PS
Peugeot	404 Diesel Limousine/Kombi	4	1948	51
Peugeot	504 Limousine/Kombi	4	1796	73
Peugeot	504 Cabrio/Coupé	4	1971	97
Peugeot	504 Cabrio/Coupé	V6	2664	136
Peugeot	504 Limousine/Kombi Diesel	4	1796	73
Peugeot	504 GL/TI Limousine/Kombi	4	2112	59
Plymouth	Barracuda Coupé	V8	5210	152
Plymouth	Fury Limousine	V8	5210	152
Polski-Fiat	125 p 1300 Limousine/Kombi	4	1295	60
Polski-Fiat	125 p 1500 Kombi	4	1481	70
Pontiac	Firebird 400 Coupé	V8	5801	157
Pontiac	Le Mans Coupé	V8	5801	157
Pontiac	Grand Prix Coupé	V8	7473	243

Triumph Stag V8 mit Hardtop.

Oldsmobile Omega Hatchback. Der V8-Motor hat 4,3 Liter Hubraum.

SHOW ROOM

Autos, die es 1974 in Deutschland zu kaufen gab

Marke	Modell	Zylinder	ccm	PS
Porsche	911 T Coupé/Cabrio/Targa	6	2667	150
Porsche	911 S Coupé/Cabrio/Targa	6	2667	175
Porsche	911 Carrera Coupé/Cabrio/Targa	6	2667	210
Porsche	911 RS Carrera Coupé	6	2993	230
Renault	R4L Limousine	4	845	34
Renault	R5 L/TL Limousine	4	956	44
Renault	R6 L/TL Limousine	4	1108	47
Renault	R12 L/TL Limousine	4	1289	54
Renault	R15 TL/TS Limousine	4	1595	65–90
Renault	R15 L Coupé	4	1289	60
Renault	R15 TS Coupé	4	1595	90
Renault	R16 L/TL/TS/TX 4 Limousine	4	164	7 85–93
Renault	R17 TL Coupé	4	1595	90
Renault	R17 TS Coupé	4	1595	105
Renault	Alpine 1300 Coupé	4	1289	81
Renault	Alpine 1600 SI Coupé	4	1605	125
Renault	Alpine A 310 Coupé	4	1605	140
Rolls-Royce	Silver Shadow	V8	6750	ca. 220
Rolls-Royce	Corniche Cabrio	V8	6750	ca. 220
Rover	2200 SC Limousine	4	2204	99
Rover	2200 TC Limousine	4	2204	117
Rover	3500 S Limousine	V8	3532	155
Range Rover	Limousine	V8	3532	149
Saab	96 Limousine/Kombi	V4	1498	65
Saab	99 L/E Limousine	4	1985	95
Saab	99 LE Limousine	4	1985	110
Saab	99 EMS Limousine	4	1985	110
Simca	1000 LS Limousine	4	944	44
Simca	1000 GLS Limousine	4	944	54
Simca	1000 Rallye 1 Limousine	4	1294	60
Simca	1000 Rallye 2 Limousine	4	1294	82
Simca	1100 LS/GLS Limousine	4	1110	60
Simca	1100 S Limousine	4	1280	75
Simca	1301 S Limousine	4	1280	68
Simca	1501 S Kombi	4	1475	73
Simca	Bagheera Coupé	4	1294	84
Skoda	S 100/100 L Limousine	4	981	42

Opel Commodore GS Coupé 2,8 Liter. Das »E« bezieht sich auf elektronische Einspritzung.

Marke	Modell	Zylinder	ccm	PS
Skoda	S 110 L Limousine	4	1107	48
Skoda	110 R Coupé	4	1107	52
Steyr-Puch	126 Limousine	2	643	25
Sunbeam	Imp Limousine	4	875	37
Sunbeam	1300 Limousine	4	1296	58
Sunbeam	1500 GT Limousine	4	1598	70
Sunbeam	Rapier Coupé	4	1725	72
Toyota	Corolla 1200 Limousine/Coupé	4	1146	58
Toyota	Corolla 1600 Limousine/Coupé	4	1588	102
Toyota	Carina 1600 Limousine	4	1588	79
Toyota	Carina 2000 Limousine	4	1968	98
Toyota	Celica LT/ST Coupé	4	1588	79
Toyota	Corona 2000 Limousine/Coupé	4	1949	89
Toyota	Crown Limousine/Kombi	6	1988	115
Trabant	601 Limousine/Kombi	2	595	30
Triumph	Toledo Limousine	4	1493	65
Triumph	1500 TC Limousine	4	1493	65
Triumph	Dolomite Sprint Limousine	4	1998	98
Triumph	2.5 PI Limousine/Kombi	6	2498	132
Triumph	TR6 PI Roadster	6	2498	150
Triumph	Spitfire Roadster	4	1296	67
Triumph	Stag Cabriolet	V8	2997	145
Vanden	Plas Princess 1300 Limousine	4	1275	60

Rover 2200 TC. Kenner schwören auf seine Qualitäten und nehmen Verarbeitungsmängel in Kauf.

SHOW ROOM

Autos, die es 1974 in Deutschland zu kaufen gab

Marke	Modell	Zylinder	ccm	PS
Vauxhall	Viva Limousine/Kombi	4	1256	60
Vauxhall	Victor Limousine/Kombi	4	1759	78
Vauxhall	Ventora Limousine	6	2793	117
Volkswagen	1200/L Limousine	4	1184	34
Volkswagen	1300 Limousine	4	1276	44
Volkswagen 1	300 S Limousine	4	1570	50
Volkswagen	1303 Limousine	4	1276	44
Volkswagen	1303 S Limousine	4	1570	50
Volkswagen	1303 S Cabriolet 4	4	1570	50
VW Karman-Ghia	Coupé/Cabrio	4	1570	50
Volkswagen	1600 Limousine/Variant	4	1483	45–54
Volkswagen	1600 L/TL Limousine/Variant	4	1584	54
Volkswagen	Passat L Limousine/Kombi	4	1296	55
Volkswagen	Passat S/LS/TS Limousine/Kombi	4	1470	85
Volkswagen	412 E Limousine/Kombi	4	1795	75
VW-Porsche	914 Targa-Coupé	4	1795	85
VW-Porsche	914 2.0 Targa-Coupé	4	1871	100
Volvo	142/144/145 Limousine/Kombi	4	1985	82
Volvo	142/144 S Limousine	4	1985	100
Volvo	164 E Limousine	4	1985	115–160
Wartburg	353 Limousine/Kombi	3	992	50
Zastava	1100 Limousine	4	1116	55

Limousine im Bugatti-Retrolook: Panther de Ville V12. Motor und Fahrwerk stammen vom Jaguar V12.

»Opel Commodore – ein solcher Wagen kommt nicht jedes Jahr« und »Opel Manta – wenn Ihnen gewöhnliche Autos zu langweilig sind«. Als Opel sich zur Mutter GM auch im Markenzeichenverbund bekannte, waren die Werbesprüche von McCann-Ericsson besonders griffig.

NEU AUF DEM BÜCHERMARKT

1974

Sach-, Fach- und Infobücher zum Thema Auto: 1974 war die Auswahl schon größer als in den Jahren zuvor. Sammler und Liebhaber, aber auch Do-it-yourselfer und Hobbyschrauber fanden meist über Verlags-Anzeigen in Zeitschriften Hinweise auf die von ihnen gesuchte Literatur.

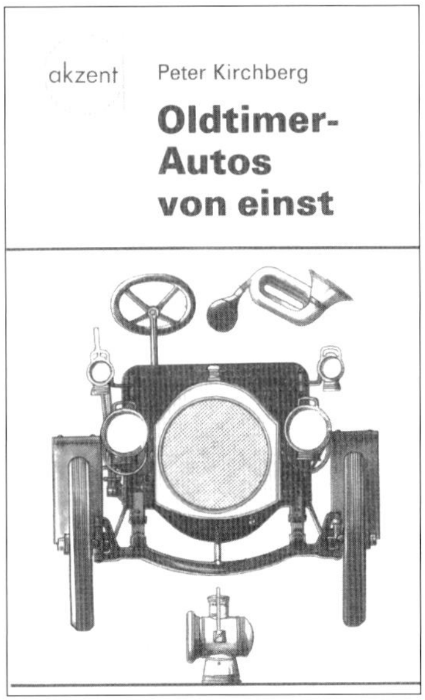

Autor	Titel	Verlag
Vanderveen, Bart	British Military (Fighting) Vehicles	The Ministry of Supply, London
Caracciola, Rudolf	Meine Welt	Limes Verlag, Frankfurt am Main
Clymer, Floyd	Henry's Wonderful Model T 1908-1927	Bonanza Books, New York
Diesel, Eugen	Die Geschichte des Diesel-Personenwagens	Deutsche Verlags-Anstalt Stuttgart
Eiermann, Kurt	Düsenjäger des Asphalts Das Rennfahrerbuch von den Auto-Weltmeisterschaften	Verlag Blanvalet & Co Frankfurt am Main
Frankenberg, Richard	Mein geliebter Sport	Motor-Presse-Verlag, Stuttgart
Hopfinger, K. B	The Volkswagen Story	G. T. Foulis & Co., Henley-on-Thames, England
Lang, Hermann	The Grand Prix Driver	Motor Racing Publications, Croydon, Surrey, England
Mull, Evelyn	Women in Sports Car Competition	Sports Car Press Ltd. New York
Neher, Franz-Ludwig	Alle 3 Minuten ein Auto	Franckh Kosmos, Stuttgart
Nostheide, Werner	Meister über Nerven und PS: 60 Jahre Autorennen	Verlag Knorr & Hirth, Ulm
Rathke, Kurt	Wilhelm Maybach - Anbruch eines neuen Zeitalters	Robert Gessler Verlag Friedrichshafen.
A. F. Rivers Fletcher	BRM V16 - the Story of the BRM Engine	Motor Racing Publications, Croydon, Surrey, England
Rousseau, Jacques	Histoire mondiale de l'automobile	Editions Le Fanatique de l'automobile, Paris
Schaller, Josef	Motorfahrzeuge auf Straße und Werkplatz. Von den Anfängen bis zur Technik der Gegenwart	Ohne Verlagsangabe
Sponsel, Heinz	Porsche - Autos, Weltrekorde	Oppermann Verlag, Stuttgart
Wanner, Georg (Hrsg.)	Lexikon der Kraftfahrt	Bertelsmann Verlag, Gütersloh

GRAND PRIX WELTMEISTER 1974

Emerson Fittipaldi

Strahlender Emerson Fittipaldi, Grand-Prix-Weltmeister auf Lotus (1972) und McLaren (1974).

Der Grand-Prix-Weltmeister des Jahres 1974 heißt zum zweiten Mal Emerson Fittipaldi. Nach langer Pause hatte sich 1972 wieder einmal ein Mann aus Südamerika den Spitzenplatz erkämpft; 1951 sowie 1954 bis 1957 war es Juan Manuel Fangio aus Argentinien, der die Rangliste anführte.

Mit 61 Punkten lag 1972 der erst 25 Jahre alte Brasilianer, Sohn des Radioreporters Wilson Fittipaldi, in der Endwertung vor seinen Rivalen Jackie Stewart (45) und Denis Hulme (39). Er war der jüngste Grand-Prix-Champion, den die Branche bisher zu verzeichnen hatte, und er hielt einen weiteren Rekord: Nie zuvor hatte sich ein Fahrer in so kurzer Zeit an die Spitze der Weltelite empor arbeiten können.

In der spannungsreich verlaufenen Saison 1974 traten Emerson Fittipaldi und sein Ferrari-Konkurrent Gianclaudio »Clay« Regazzoni punktgleich in die Endwertung an. Der Titel wurde dem von Lotus zu McLaren gewechselten Brasilianer zuerkannt – sein Vorsprung auf Regazzoni betrug am Ende nur 3 WM-Punkte. Fittipaldi war auf 55, Regazzoni auf 52 gekommen, Jody Scheckter (Tyrrell) auf 45. Ein vierter Platz beim Großen Preis der USA – Sieger wurde Carlos Reutemann auf Brabham-Ford – hatte Fittipaldi ausgereicht, um Champion zu werden.

Fittipaldi, 1946 in Sao Paulo geboren, arbeitete schon mit 15 Jahren als Mechaniker in einer Werkstatt für Go-Karts. Sein Bruder galt ihm als großes Vorbild –

Emerson Fittipaldi

der war nämlich schon länger enthusiastischer Kart-Fahrer, während Emerson sich mit einem 50-ccm-Moped begnügen musste.

Mit 17 durfte er das erstemal selbst an einem Kart-Rennen teilnehmen; 1965 wurde er bereits Kart-Meister von Sao Paulo. Dieser Erfolg öffnete ihm die Tür zu weiteren Aktivitäten im Motorsport: Renault stellte ihm eine Gordini-Dauphine zur Verfügung, mit der er prompt die Serienwagen-Meisterschaft für Anfänger gewann. Weitere Erfolge in Saloon Car Championships und auch in der Formel V schlossen sich an. 1967 wurde Fittipaldi Brasilianischer Staatsmeister in der Formel V. Dann stieg er auf GT-Rennen um und ging mit einem frisierten Karmann-Ghia an den Start. Sein Bruder war mit einem Eigenbau ebenfalls unterwegs; das Auto nannte sich Fittipaldi GT und war im Grunde ein stark modifizierter Porsche 911. Emerson bestritt auf diesem Fahrzeug ebenfalls einige Rennen.

Im März 1969 reiste Emerson nach Europa, um in England einen neuen Formel-Ford-Rennwagen zu kaufen. Er blieb auf der Insel und begann dort seine Laufbahn als Rennfahrer auf Formel-Ford- und Formel-3-Fahrzeugen.

Jim Russell, Besitzer einer bekannten Rennfahrerschule in Snetterton, verschaffte dem Brasilianer das Entrée: Er lieh ihm einen Lotus 59 und empfahl ihn der Obhut Colin Chapmans. Es folgten einige überzeugende Auftritte in der Formel 2, die dem begabten Fahrer sofort Angebote aus dem Formel-1-Lager einbrachten. Zuerst wollte ihn Frank Williams an sich binden, doch der als hervorragendes Talent beurteilte Jüngling unterzeichnete 1970 einen Vertrag mit dem Lotus-Werksteam. Er wurde dritter Fahrer und beendete die Saison immerhin schon mit einem ermutigenden Punktekonto. Auf der Rangliste kam der lebenslustige, immer gut aufgelegte Playboy auf Platz 10. Doch auch die Saison 1971 brachte den ganz großen Durchbruch noch nicht, erst die Weltmeisterschaften 1972 auf Lotus und 1974 auf McLaren stellten für den jungen Brasilianer zwei Höhepunkte seiner noch jungen, aber schon sehr aufregenden Karriere dar.

ZUGUTERLETZT 1974

»Verdammt viele Leute mit verdammt viel Geld!«

Die größte Versteigerung der Welt, veranstaltet von den Kruse Brothers in Scottsdale, Arizona, umfasst 250 Automobile aller Jahrgänge und Qualitäten. »Ich habe noch nie so verdammt viele Leute mit verdammt viel Geld gesehen,« berichtet Spencer Young. Der Gesamtwert aller in Scottsdale aufgefahrenen Wagen – die zum Versteigern wie die des Publikums – war unschätzbar. Die ausgefallensten Packard, Cadillac, Rolls-Royce, Stutz, Hispano-Suiza, Isotta-Fraschini, Bugatti, Mercedes waren zu sehen, dazu Traumwagen wie Auburn, Lincoln Continental, Pierce-Arrow, Marmon und Kissel aller Baujahre.

Moneymaker aus Auburn, Indiana: die Auktions-Profis Dean, Dennis und Daniel Kruse.

Doch nicht alle Preise stiegen ins Unermessliche. Für 2700 Dollar war ein gutes T-Modell von 1915 zu haben, für 2000 Dollar ein 1927er Humber, für 1800 Dollar ein 1937er Packard. Doch ein Tucker von 1948 erzielte immerhin schon 23.000, ein 1951er Rolls-Royce Silver Cloud 20.000 Dollar.

Fünf Dollar Eintritt musste man bezahlen, um das Schauspiel im Safari Hotel miterleben zu dürfen. Vier Monate im Voraus hatten die Kruse-Brüder in den Vereinigte Staaten für ihre Auktion geworben; postergroße Prospekte waren verschickt worden mit Autobildchen und den Portraits der »Verkaufskanonen« Dean, Russell, Dennis und Daniel Kruse. Man konnte auch fernbieten, indem man der Firma Kruse einen Scheck über die Summe übermittelte, die man maximal für einen bestimmten Wagen auszugeben bereit war. Und für 10 Dollar erhielt man das Kruse-Buch »Wie verhalte ich mich auf einer Automobil-Auktion«.

Am ersten Auktionstag erreichten die Gebote eine Gesamthöhe von 2,6 Millionen Dollar, am zweiten Tag waren es noch einmal 1,8 Millionen. Es wurden zum Teil wahre Überpreise bezahlt. Leute wie Earl Clark aus Lancaster, Pennsylvania, scheuen vor nichts zurück, wenn es darum geht, für 180.000 Dollar einen Pierce-Arrow zu ersteigern, dessen Karosserie mit 23karätigem Blattgold überzogen ist...

Aus der AutomobilChronik, Heft 4/74